科学思维书架

郑 念 王 挺 主编

CITIZEN SCIENCE IN THE DIGITAL AGE

RHETORIC, SCIENCE, AND PUBLIC ENGAGEMENT

数字时代的公民科学

修辞学、科学和公众参与

【美】詹姆斯·韦恩（James Wynn）◎著

王丽慧◎译

上海交通大学出版社
SHANGHAI JIAO TONG UNIVERSITY PRESS

内容提要

本书系"科学思维书架"之一。作者主要探讨互联网时代公民科学的优势和缺陷，在回顾公民科学历史的基础上，选取了几个典型案例从修辞学和传播学角度进行深入分析，指出互联网为公民参与科学带来新的契机，在数据收集、风险表征和社区协商等方面提供了更广泛的方式，也促进了非专业人员、科学家和政策制定者之间的互动和认同。

CITIZEN SCIENCE IN THE DIGITAL AGE: RHETORIC, SCIENCE, AND PUBLIC ENGAGEMENT by JAMES WYNN

Copyright: 2017 BY THE UNIVERSITY OF ALABAMA PRESS

This edition arranged with The University of Alabama Press through BIG APPLE AGENCY, LABUAN, MALAYSIA.

Simplified Chinese edition copyright: 2022 SHANGHAI JIAO TONG UNIVERSITY PRESS

上海市版权局著作权合同登记号：图字 09-2020-445

图书在版编目(CIP)数据

数字时代的公民科学：修辞学、科学和公众参与/
(美)詹姆斯·韦恩著；王丽慧译.—上海：上海交通
大学出版社，2022.7
(科学思维书架)
ISBN 978-7-313-26171-7

Ⅰ.①数…　Ⅱ.①詹…②王…　Ⅲ.①公民学　Ⅳ.
①B822.1

中国版本图书馆 CIP 数据核字(2021)第 277606 号

本书地图系原书插附地图
批准号：GS(2022)1825 号

数字时代的公民科学：修辞学、科学和公众参与
SHUZI SHIDAI DE GONGMIN KEXUE: XIUCIXUE、KEXUE HE GONGZHONG CANYU

著　者：	【美】詹姆斯·韦恩(James Wynn)	译　者：	王丽慧
出版发行：	上海交通大学出版社	地　址：	上海市番禺路 951 号
邮政编码：	200030	电　话：	021-64071208
印　制：	苏州市越洋印刷有限公司	经　销：	全国新华书店
开　本：	880mm×1230mm　1/32	印　张：	8.25
字　数：	189 千字		
版　次：	2022 年 7 月第 1 版	印　次：	2022 年 7 月第 1 次印刷
书　号：	ISBN 978-7-313-26171-7		
定　价：	78.00 元		

编 委 会

科学思维，开启智慧的钥匙

一

信息社会、全媒体时代，人人都是传播者，又是信息接收器，自媒体无处不在。这就会导致两种不同的情况：一是话语权的分散和民主意识的觉醒；二是权威话语权的缺失，甚至谣言满天飞，真假难辨，敢说大话假话的人到处忽悠人，骗钱发财；迷信与伪科学搭上科学的便车；主流价值观难以树立，文化冲突日益加剧。

在这样一个时代，人们面临的最大挑战是什么？换句话说，这个时代带来的最大问题是什么？最大风险又是什么？显然，光有知识是不够的。"有知识没有智慧，知识是干枯的"，智慧就意味着正确的方法和思想。因此，只有达到学、知（思）、行的统一和结合，才能满足时代的需要和体现素质的内涵，也才是具备科学思维的表现。

科学思维的本质是理论和证据的协调。从科学理论的演化角度讲，科学思维有两个阶段。一是研究阶段，即设计实验并检验理论；二是推论阶段，即将所得到的结果解释为支持或拒绝理论的证据，并在必要时考虑备选解释。科学思维的内涵是科学精神和科学方法的统一。科学精神可以概括为科技共同体在追求真理、逼近真理的科技活动中形成的一种独特气质，包括探索求真的理性精神，实验取证的求实精神，开拓创新的进取精神，敢于怀疑的批判精神，竞争协作的包容精神，执着敬业的献身精神。科学方法则是科学探索中所使用的理性思维方法，包括实验、观察、逻辑、归纳、演绎、统计分析、社会调查、评估和判断等。

科学思维有助于我们正确地认识世界和改造世界。科学思维作为正确的思维模式和思维方法，为我们正确认识和改造世界的活动提供了思想武器：一方面，我们可以自觉地遵循形式逻辑的要求，反对相对主义、诡辩论等错误；另一方面，我们还可以运用辩证方法，去反对形而上学思维形式和思维方法，用联系、发展和矛盾的眼光看问题，全面动态地把握世界。

科学思维促进各门学科的发展。现代科学的发展离不开正确的思维模式，科学思维能够使我们判断事实是否与理论相符合，有利于我们综合运用各种科学思维方法，面对新情况，解决新问题，从而有所发现、有所发明、有所创造。自然科学各门类学科的产生和发展都离不开科学思维的推动。

科学思维是人们思想交流的基础，也是公民科学素质的重要内核。人与人的交流离不开正确的思维，科学思维就像融合剂，不同民族和信仰的人们可以在科学知识的世界中和谐共存；科学思维是精确的、可以检验的，有普遍的适用性，所以，它能使我们了解假设和推论、臆断和证明之间的区别，能帮助我们增强辨别能力；科学思维还可以帮助我们正确地对待"思维定式"：一方面利用思维定式快速解决问题，另一方面又不被思维定式的负面影响所左右。

科学思维可以让我们正确对待未知，避免陷入无端的惶恐。如果人类生活在一个自己难以理解的世界上，就如同将动物转移到陌生的环境里动物会惊恐一样，人类也会因经常性的惊慌失措而苦恼。现代社会虽然科技发展日新月异，但仍然充满未知。面对未知的情况，如果缺乏科学知识就会被所谓的神秘现象困扰，进而导致杞人忧天，传谣信谣，引发群体性恐慌。面对未知，如果我们具备基本的科学思维，就可以运用简单的方法加以评估和判断，就可以正确应对，避免恐慌。

科学思维可以帮助我们自觉地掌握正确的思维方法和工作方法，尤其可以帮助我们养成良好的思考习惯，不为一时的假象所迷惑。在实际工作中，尽管科学的思维方法不能确保每项工作都取得成功，但毫无疑问，科学思维一定比其他思维方法更可靠，可以使我们少走弯路，尤其在某些现象较为复杂、谬误来源极多的学科中，运用科学的思维方法就显得更加重要。这是因为，与科学思维相伴随的科学方法，可以使我们正确地预测未来，把握方向，因而可以减少盲目性，减少对未知的恐惧。

现实社会中，很多求助于神灵的民众，正是不能很好地运用科学思维和方法，而对未知产生恐惧，于是转向超自然的神秘力量。殊不知，正如《国际歌》中所唱的，"从来就没有什么救世主，也不靠神仙皇帝，要创造人类的幸福，全靠我们自己。"马克思主义者历来用唯物主义的认识论，用科学的思维方式作引导，唤醒民众，才能打破旧世界，创造新社会，实现人类共同的美好理想。正是由于中国共产党坚持以马克思主义作为指导思想，才使中国发生了翻天覆地的变化。在实现中华民族伟大复兴中国梦的过程中，我们要进一步发挥正确理论的指导作用、科学思维的认识功能、科学方法的解决问题功能，以不断解决发展过程中的矛盾、问题，克服不平衡、不充分发展现象。科学思维不仅是科学研究和探索中的正确思维方法，同时也是解决社会发展问题的法宝，是开启智慧的钥匙。

二

在人类文明的发展历程中，人们对宇宙和自然充满好奇，并始终保持着求解未知、探索未来、揭示神秘的浓厚兴趣。正是这种好奇和兴趣，成为人们探索自然、社会和人类自身的不竭动力。人类社会在与大自然进行斗争的漫长岁月中，不断适应、选择和进化，逐渐形成不同的知识体系、认知方法和理解途径。纵观人类社会发展的历史，在探索自然、社会的过程中，思维的发展对于知识体系的形成和接近真实的反映，具有重要的意义。正是科学思维的形成，才使人类的认识朝着揭示事物真相的方向发展，才导致科学知识体系的产生。尽管与人类社会的历史相比较，科学的思维方式和知识体系、认知方式和理解途径产生的历史很短，但是，科学技术的发展却很快，与之相应的知识体系、认知方式和思维形式，已经成为探索未知、揭示真相和实现创新的主要路径，成为推动世界发展的主要力量，成为人类社会发展的巨大动力。

翻开人类社会发展的历史，我们发现，我们的祖先付出了无数的艰辛、努力和牺牲，经过数千年跨越民族界限的积累，才有今天的进步，使人类从懵懂走向成熟、从迷信转向科学、从人身依附达到自由发展！我们这些当代的继承者，当然不能无视先贤的努力和辛劳，拾其糟粕，丢弃精华，重新陷入迷信的泥淖，失去探索前进的动力，并使我们的后辈重新陷入迷茫之中。因此，我们有责任、有义务、有能力，把人类的优秀文化遗产、科学发现、宇宙真理传承下去，让后辈沿着先辈的正确轨迹前行，站在巨人的肩膀上，看得更远，走得更好。对此我们应该有清醒的认识，才能做到在继承中创新，在创新中发展。

从知识体系来看，人类社会通过长期的创造和积累，逐渐形成了科学、非科学和伪科学的知识体系。

　　科学的知识体系包括科学知识、科学方法、科学精神和科学思想，以及由此产生和转化而来的技术知识、工程、方法和思想。其中的每一个方面都是一个知识系统，都是科学知识体系在不同领域的运用，都是构成科学知识体系的重要内容。科学知识体系内容丰富、结构复杂、思想精深，是到目前为止人类在探索自然、社会和人类自身发展中所取得的最先进成果，已经成为一个国家、民族和地区发达水平、文明程度的重要标志。不同国家和地区发达的程度、发展的快慢、前途的好坏，在一定程度上取决于对这些先进成果的理解、继承和运用，取决于对现有科技的掌握和创新，取决于未来科技新知识的创造、生产和使用。而要真正实现继承和创新，就要不断提高公众的科学文化素质，让更多的人理解、支持科学事业，积极投入科学探索的行列中，并不断取得新发现、新理论和新成果。所以，我们不仅要继承和传播现有的科技知识体系，还要培育科技事业的接班人，培育科学探索的下一代。现代社会是学习型社会，普及科学技术是一个终身教育和学习的任务，科普教育是整体教育的重要组成部分，基于教育而又不囿于教育。科普就是要唤醒公众学习科学技术知识的主动性，提升科学探索的热情，克服迷信和对未知的恐惧。正是科普的这种功能，把教育和学习延伸到全体公民，延伸到人的一生，延伸到学校的围墙外。

　　非科学知识体系包括宗教、艺术、文学和习俗。所谓非科学主要指其获得知识的方法不依赖于科学方法，形成的知识不可检验，大多数结果不可重复。比如宗教的知识体系、艺术的成就和成果、习俗方面的地方知识和隐性知识，都是非科学知识体系。但是，我们要注意的是，非科学知识并不一定是伪科学，有些知识不能被科学检验，但并非没有用，有些技术可以通过师带徒或者通过体悟、"修炼"和训练的方法获得，有的习练者甚至可以取得一定的成就，但由于难以模式化、定量化和智能化，仍然不符合现代科学发展的范式，仍然存在风险和不确定性，不适宜进行广泛推广和传播，不能作为科普的内容。

伪科学知识体系则是指科学技术研究过程中发生的错误、失误被认为是新发现、新发明、新成果，以及各种超自然现象的声称以科学的名义登堂入室，冒充科学，以骗取公众的钱财为目的。主要包括：算命术、预测学（如占星术、血型与性格、生物节律、五行八卦、纸牌算命等）；各种超自然声称，如伪气功、通灵术、魔杖探矿等。

从认知和传承的角度来看，可以分为已知和未知两大领域。对待不同的领域有不同的态度，不同的态度会导致不同的认识结果。

对待已知领域，人类与其他动物不同。人类会主动在已知领域进行教育和传承，通过建制化教育、家庭教育、社会教育等方式，系统地学习和获得知识；通过科普、宣传、传播等方式，传承技艺、思想和文化。并且在这个过程中不断纠正错误的知识，提高认知水平，深化认识层次。这也是不断进行的知识积累过程，这种积累达到一定程度就会从量变到质变，最后实现认识的飞跃。随着科技的发展、社会的进步，已知领域会逐渐扩展，认识方法也相应地日益科学和理性。

对待未知领域，人类在不同时期有不同的方法和态度。在人类社会的早期，由于认识自然的能力和技术十分低下，面对强大的自然力量，比如地震、洪水、风雨雷电、生老病死，人们在极力抗争并不断提高认识水平的同时，对于一些暂时无法解决的问题，只好求助于超自然力量。通过一定仪式，寻求保佑和庇护，希望借助超自然力量，征服自然，消灾弥难，实现人与自然的和平共存。随着人类社会的发展，人们在漫长的探索过程中，通过积累和传承，形成了正确探索未知领域的方法，尤其是现代科学诞生以后，这种探索已经突飞猛进，产生了质的飞跃。但是,由于在人类探索自然界奥秘的过程中,始终存在着时空无限性和人类认识能力有限性的矛盾,虽然科学提供了先进技术和方法,能够拓展探索的空间范围和认识深度,却无法穷尽未知,总有难以理解和无法解决的问题,也难免会暂时去寻找心灵的栖息地。即便是科学家,对于一些暂时还束手无策的问题,有时也会求助于或者追问超自然力量,一些科学家也会走进神学的"殿堂",暂时休憩,寄希望于神圣意志来解释科学研究中的难题。这正如一些"大德高僧"利用科学的发明和发现来解释神学和刻画神秘并不意味着宗教神学就是科学一样,这些暂时歇息的科学家同样也不能被认为就是科学的叛徒。

对待未知领域的不同态度是形成不同知识体系的基础。把未知交给上帝,就必然导致崇拜、迷信和盲从,其形成的知识体系就是宗教、臆想、神秘、超自然的;其"实体"必然是上帝、鬼神、灵魂和超自然力。这种探索和求知的结果,让人类认知水平回到蒙昧阶段,制约了人类探索自然奥秘的动力,由于缺乏试验的基础和支撑,其理论无论如何自圆其说,如何美丽动人,都是虚幻和骗人的。它既不能转化为现实技术和生产力,更不能促进经济社会发展和科技进步,还会消磨人们探索真理的意志和动力,阻碍科技发展。在日益全球化和充满竞争的当今社会,这将会使我们失去发展的大好时机。

把未知交给科学,就是用先进的知识体系,系统的求知方法,不断创新的目标取向,来探索未知、求解问题、寻找答案。近代自然科学的发展,使人类社会的文明程度达到前所未有的新高度,使人类社会在最近 20 年生产和积累的知识比历史上所有时期的总和还要多,使人类社会的物质丰富程度比历史上任何时期都要高。在人类发展的历史过程中,任何知识体系只有经过教育、传承、普及的过程,才能被认识、掌握和运用。科学知识也不例外，科学的教育、传播、普及的过程，在当今社会就是科普的过程。

从求知路径的角度看，人在求知过程中，具有一些特定的方法。公认的方法有四种：信仰、权威、直觉和科学的方法。

信仰的方法常在宗教领域中使用。虔诚是其知识可靠性的唯一法门，他们宣扬"信则灵"。因此，不管宗教所描述的故事是否为事实、是否真实可靠，相信是获取这类知识的唯一方式，而且这类知识也只对信徒有效。宗教知识一旦被怀疑，或是被证明是虚假欺骗，宗教会用更多的谎言来掩盖。权威的话语或指示也是一种知识的来源和行动的指南。尤其在君本位的社会中，君主的话语就是权威，不容许有任何怀疑和批判，其他人只能遵循或执行。权威与信仰的求知方式没有本质的区别，只不过前者信神，后者信的是具有权威的人。两者都把知识当作一成不变的教条，都是基于相信而不是实证。因此，在超过了特定历史条件和地域范围的情况下，这种知识就成为束缚人们思考的枷锁，成为社会进步的羁绊，成为探索的阻碍力量。

直觉的方法是一种经验感觉和基于经验所产生的对外界的反映，大多是文学、艺术、创作领域的创造性求知方法。在科学研究领域，一些有经验的科技工作者，也会具备一种直觉思维的能力，并且通过这种能力，克服长期悬而未决的问题，使人豁然开朗，达到"柳暗花明又一村"或者"无心插柳柳成荫"的效果。

科学的方法是一个体系，由观察、实验、逻辑、推理、演绎、归纳、运算等方法组成。这些方法是以自然存在为基础，以现有的知识体系、公理、定理和规律为基础，使用逻辑推理方式，进行推论、求证其结果；科学方法中还存在抽象思维，有些预测虽有合理性，但基于现有理论和知识却暂时得不到实证，需要时间来证明，直到发明了更先进的研究技术和手段以后，才能进行论证。如爱因斯坦广义相对论的很多预言就是在数十年以后，才被观察和试验所证实的。

三

科普就是把科学探索的结果以及所形成的知识体系，用科普技术向公众进行传播，并在公众中宣传普及科学方法、科学思想和科学精神，以提升公众的科学素养和使用科学技术解决问题的能力。同时，科普要激发公众尤其是青少年对科学的兴趣，让他们愿意投身科学研究工作，能够用科学的方法去解决问题，用科学思维去思考问题，用科学精神去探索未知。

所谓科普技术，是指科普过程中所采用的技术及方法体系，包括科普创作、传播、教育、终端表达等的技术、途径和方法。

科普创作技术或技巧指运用科普特有的表达方式，把科学技术知识（原理、方法、精神）进行创作、转录、翻译成公众能够接受的形式进行传播、宣传和普及，其中要运用到文学、艺术中的许多表现手法，比如拟人、比喻、形象化等。这就要求科普创作人员，既要有科学技术知识功底，又要有文学功底；既要懂科学，又要懂艺术。因此，科普创作并不是一件容易的事，非要下苦功夫不可。那种在文学作品中掺杂一些科技名词就认为是科普作品的认识是错误的，那种用科技名词包装玄幻作品而冒充科幻的做法也是极其有害的。

科普传播技术则是科普技术与传播技术的结合，传播技术是科普技术的一种，两者既有交叉，也有区别。传播技术更是一种信息传递技术在传媒中的运用，不仅可以传播科普内容，也可以传播别的内容，比如新闻、各类知识甚至是迷信伪科学。但科普传播要求内容上的科学性和通俗性，传播的是通过转化、创作的科技知识；表现方式上，一般采取易于理解、互动、参与、实验等形式。受众在科普过程中，既是在接受教育、学习，也是在体验和参与。

科普教育则是指通过科普的形式使公众接受教育，树立正确的人生观、价值观。在一定程度上，科普教育是科普的效果体现，也是一种教育技术。就像科普和校外教育是学校教育的一种补充形式，科普也是一种通俗的教育方式，不仅适用于学生，还适用于对非专业、校外的"学生"进行教育，因此，科普教育更具有社会性，有更广泛的市场。

科普终端表现技术是在互联网、手机新媒体、移动端的信息化大背景下，科普内容载体的发展和表现形式的创新，这种终端表现技术具有移动化、泛在化、视频化、全时化的特征，无论何时何地都可以就近随时获取所需科普内容，同时具有可转发、可互动、可娱乐等科普技术的共同特点。

科普技术与传播技术有本质的不同。以上提到的科普技术，首先要求内容具有科学性，可靠正确，并运用科普创作技术，比如，科普科幻作品创作、展品展览创作和策划、数字媒体显示创作技术等，使传播内容既要正确，还要让大家能懂。但传播则追求的是新闻效应，所谓"语不惊人死不休"。如果源头是污水，传播技术越强大，污染就越严重；如果内容是错误的，传播越广，危害也就越大。但是，科普传播则是借助传播技术包括传播渠道、传播工具、手段、方式等来传递科普内容；除此之外，还借助现代信息技术进步所带来的终端呈现技术，包括印刷、声像、多媒体、新媒体、VR、AR、MR 等技术，来增加对科普用户的黏性，提升科普效果。这也是科普与科技传播的主要区别之一。

科普是一种方法，一种提升公众基本科学素养的方法，使他们对于一些似是而非的传播内容能够进行基本的判断和选择，对于生产生活中遇到的一些科学技术问题能够进行分析、识别、寻求答案；对于一些骗人的伎俩能够识破或者保持怀疑的态度，对于未知领域既保持好奇而又不轻易下结论。这就要求：在知识层面，具备基本的科技知识，了解基本的科学原理；在方法层面，能够用科学的方法去求知和论证；在精神和思维层面，具有科学思维，比如怀疑的精神、批判的精神和评估思维。

现代社会已经进入大数据、云计算、物联网的新时代，以移动、泛在和智能为特征的智慧型社会正在兴起，人类早已抛弃结绳记事、刻痕计时的古老技术，扬弃了珠算、筹算的传统技能，走向智能计算机、光量子计算机的新时代。如果我们仍然止步于几千年前的认识，把人类远古时期面对强大的自然而无能为力、只能祈求上苍的认识当作真理，则无异于作茧自缚，坐井观天。

科学、非科学甚至伪科学，都是人类探索自然过程中形成的知识体系，是人类劳动结出的果实，在不同时期发挥着各自不同的作用。非科学和科学两种价值观之间的一个重要区别在于：非科学的价值观是基于感情、信仰、习俗或权威的未经检验的价值观，它根植于某种毋庸置疑的信念；而科学价值观是受到认知和理性探索的知识影响的价值观，基于实证的、可重复的、可验证的方法体系。前者以主观主义为代表，且受到后现代主义者的追捧；后者以客观主义为代表，表现为客观相对主义和客观结构主义。

无论是从自然进化还是从社会文化进化的角度看，基于感情、信仰、习俗或权威的价值观，是人类社会发展过程中的一个阶段性产物，是在科学不发达情况下人类感性认识的成果，并且对人类的发展作出过积极的贡献，在特定的场合下仍然会发挥其应有的作用。但是，随着科学技术发展中所揭示出来和日益凝聚而成的精神要素不断融进人类的价值观念，成为人类选择、判断的价值原则和技术手段，那么受到认知和理性探索的知识影响的价值观必将发挥越来越重要的作用，成为我们构建道德体系和伦理判断的价值基础。

很显然，科学探索的成果能够不断改进我们的价值观，能够促进道德进步，在需要的时候和合适的地方发挥理性的价值观引领作用。我们已经拥有一套约定俗成的判断，在应用医学、心理学、工程、教育咨询和其他领域得到实践的检验。同样，我们也有一套约定俗成的伦理判断，在实践中和在规范的知识体系中受到了检验；而且随着科学的进步，新的规范也会不断被引进到这种判断中来，使人类社会不断兼具公平、效率、正义、诚实、理性、和谐的核心价值理念。

可见，科学不仅具有强大的物质力量，而且具有强大的精神力量。科学技术是推动世界发展的力量已经成为共识，这不仅体现在它给人类带来丰富的物质生活和精神享受上，而且，它极大地改变着人们的观念，提升人们的精神、道德、价值水准。随着科学技术和社会经济的进一步发展，科学技术的精神财富还会得到进一步挖掘。目前，我们对科学技术的精神层面及其所具有的价值认识还远远不够，这不仅是因为长期以来形成的顽固观念还在习惯性地统治着人们的思想，而且，社会进步和观念变化往往是螺旋式前进的，不时会出现"复辟"的思潮，同时也说明科学思维和科学方法还未得到系统普及，科学思想没有深入人心，具备科学知识的人不一定具备科学思想和科学精神。这也恰恰说明，科学普及工作还任重道远。

在人类社会发展的进程中，唯物主义和唯心主义、科学和伪科学、科学和迷信，总是在不断地进行着较量。在这个过程中，唯心主义思想家也在不断地修正自己的观点，使之与当下的观念相吻合，这就蒙蔽了部分公众，认为迷信和伪科学也很有道理，从而成为其信徒。甚至有些科学家，在遇到一时难以解决的问题时，也会滑到唯心主义的阵营里去。这也说明科学的精神作用是强大的，这种精神力量唯物主义者不去加以利用，唯心主义者就会加以利用，成为他们的法宝。任继愈先生曾一针见血地指出：自然科学不但影响着唯物主义，同时也影响着唯心主义。哲学史和科学史表明，狡猾的唯心主义，一般并不赤裸裸地反对科学和常识，它是把自己伪装成科学，利用科学暂时解决不了的问题，作出唯心主义的结论。每当科学思想发生深刻变革的时候，这种情况就显得更为突出。历史上不断发生这样的事情，随着自然科学的新发展，唯心主义哲学也相应地改变着自己的面貌，只不过它的改法与唯物主义不同而已（任继愈，中国哲学史，第一册，第8页。人民出版社，2000年3月第20次印刷）。可见，科学代表进步的力量，是人类社会文明进步的成果，我们不仅要发挥其物质上的作用，也要挖掘并发挥其精神力量的作用。

在互联网和全媒体时代，科学思维的培养非常重要。在当前的信息化社会，各种知识、信息充斥在公众周围，人们在互联网上冲浪拾贝，在日益方便地获取信息的同时，也可能由于信息过载而导致学习疲劳，产生厌烦情绪，甚至走向反面，失去了好奇心、求知欲，这比什么都可怕。在此情况下，就需要人们具备一种科学思维尤其是评估思维，具备一种评估、判断、选择的能力，可以在众多的信息、知识中，通过评估，进行判断和选择，以避免在信息化浪潮的冲击下随波逐流，从而达到学习和创新的目的。当今时代的科普，如果只是传播一些科技知识，就很难形成真正的科学素质。从知识本身的价值看，知识必须服务于社会、促进社会发展和人的素质提升，才有价值。同样，如果科普只是传播一些科技知识，就很难完全体现科普的价值，也无法实现科普的社会责任。知识本身是中性的，所以科普在传播知识时就必须具有价值导向，尤其是要承担起应有的社会责任，为建立正确的社会价值体系发挥引领作用。

当前，科普要为建设与市场经济相适应的社会文化服务，这种文化的核心内容就是科学文化，而科学精神与科学思维无疑是科学文化的内核，也是创新文化的精髓。在当代创新创业大环境下，科普不仅要提高知识，更要服务社会，为社会发展提供优质的空气、肥沃的土壤、干净的水源，这样才能确保社会不断进步。但在今天，仍然有一些人希望放弃人类理性和自由，回到前现代社会存在的神秘传说中去。科普的任务还十分艰巨，自中世纪欧洲文艺复兴运动以来的科学启蒙还需要继续，人类需要对自己的未来承担起责任。

总之，从知识的生产和发展过程看，知识的获取和运用需要正确的方法，知识的表达需要思想的指导，知识转化为行为更需要精神力量的驱使。正因为如此，我们说知识是用来转化为智慧的，是需要运用和使用的，不能转化为智慧和力量的知识是干枯的，是没有生命力的。鉴于此，"科学思维书架"从思维的角度出发，探索科学普及新路径，以提升人们识别、运用和转化知识的能力，真正提升人们的科学文化素质，提升人们处理社会事务和参与科学决策的能力。本丛书旨在告诉大家，人类在探索自然奥秘和社会发展规律过程中形成的科学原理、方法、技术手段和精神理念，哪些是有用的，哪些是错讹的；告诉大家，哪些是路，哪些是坑，至少到目前为止，前人已经探明的路，后人不需要另走弯路，跳一次深坑，这也是"科学思维书架"的本意,尽管可能还难当重任,但如能作为后贤前行的垫脚石和铺路砖,那么本丛书的目的便已经达到。

中国科普研究所研究员　郑　念

致　谢

"养育一个孩子要举全村之力"这句谚语同样适用于著书立说。正是得益于研究所的资助以及各位访谈对象和同事们的大力帮助，本项目才能以现在的成果形式呈现在读者面前。例如，在项目的开发和进行过程中，视觉呈现成为探索数字技术和公民科学对传播和争论影响的核心。在第二章中，我注意到互联网和联网设备为新的风险表征带来了契机。为了证明这个结论，我使用了视觉呈现的证据。虽然本书中，它们似乎只是一个并不起眼的学术事实，因为再现视觉效果的高成本，我在书中基本没有涉及这部分内容。本书中对视觉呈现的讨论，得益于卡内基梅隆大学伯克曼学院教师发展基金的慷慨资助。

除了物质上的支持，也正是由于那些愿意将他们的远见卓识和创造性成果与我共享的人和机构的帮助，这本书才有现在这样的学术成果。首先，我要感谢第二章和第三章中所讲到的 RDNT 和 Safecast 开发者们的工作。我尤其要表达对日本和西海岸相关组织成员们的感激之情，感谢秋叶（Akiba）、肖恩·邦纳（Sean Bonner）、皮特·弗兰肯（Peter Franken）、马塞里诺·阿尔瓦雷斯（Marcelino Alvarez)和阿兹比·布朗（Azby Brown），为了接受我对他们工作的访谈，他们早出晚归，披星戴月。也正是由于他们，我才能够了解关于 RDNT 和 Safecast 成立和发展过程中不为人知的细节，并进入他们的谷歌群讨论版块，也获准使用本书中的 Safecast 视觉效果图。接下来，我要表达对安东尼·瓦茨（Anthony Watts）和罗杰·皮尔克（Roger Pielke Sr.）的感激之情，他们的地面站项目是本书第四章的主题。他们讲述了项目的重要历史背景，并且展望了项目发展的目标和挑战。我还要感谢伦敦大学学院的穆基·哈克雷（Muki Haklay）和路易斯·弗朗西斯（Louise Francis），他们向我提供了第五章中讲到的公民科学噪声地图项目的细节。他们向我分享了一份社区会议的文本文件和音频记录，会议上公民科学家和自治市代表讨论了他们的噪声地图项目的结果。这些文件中提供的社区互动的细节为第五章的论点提供了关键的支持。最后，我要特别感谢安妮·格里芬（Annie Griffin），她的公民科学噪声地图项目虽然没有在本书中得以体现，但是她慷慨地答应我随时都可以去采访她。

最后但同样重要的是，我要感谢所有在完成本书过程中给予我智慧和情感支持的人。首先要感谢我的研究生助理克里斯蒂·盖林（Christy Gelling），感谢她以出色的研究技能鉴别出第四章中使用的诸多文本。我还要对她奉上一份迟到的谢意，谢谢她提出地面气象站项目值得探索的想法。如果没有她敏锐的学术直觉，这章可能会完全不同。同时，我还要感谢我的科学修辞学同事琳达·沃尔什（Lynda Walsh）和丽莎·凯雷宁（Lisa Keränen），她们慷慨地答应阅读本书的部分内容并给我反馈。她们的见解帮助我强化了论证，从而使内容更易于理解。还要感谢我在该领域的所有同事，他们参与了我关于本书各章节的讲演，并提出见解和批评。最后，我要感谢我的妻子和孩子们，谢谢他们在我研究这个项目期间给予我的情感支持和耐心。没有以上这些人，这本书将无法面世。

目　录

引 言

　　丛林深处，一队俾格米人到达一个狩猎点，聚在丛林地面上的树木残根断枝四周。其中一个猎人掏出一台小型 GPS 装置，记录下了这个地点。数千里之外，伦敦大学学院的一间办公室里，研究人员正将坐标添加到刚果在线地图上，地图上星星点点地散布着非法伐木点的标记。在大西洋彼岸的西雅图，一个女孩正在玩电脑游戏，她仔细地操纵着树枝状的蛋白质，看着游戏得分随着她编辑蛋白质结构而不断升降。小镇对面，华盛顿大学的研究人员利用她的折叠技术来识别蛋白质结构，这可能有助于他们合成更有效地对抗艾滋病、癌症和阿尔茨海默病的药物。

　　这些简短的小插曲，给数字时代的一个不言而喻的真理添上更为可观的例证：互联网改变了人们彼此间的交流和互动方式。数字技术无处不在并且渗透到现代生活的方方面面，已经改变了可获得信息的数量、信息访问的速度和信息的传播距离。尽管人们普遍认为互联网改变了人类的交流和互动方式，但是对这项技术实际上如何影响人类的交流和互动，人们却知之甚少。俾格米人通过电子设备标记非法伐木点，获得了社会上、经济上和政治上的利益了吗？虚拟蛋白质折叠游戏有助于普通公众理解他们正在帮助推动着科学发展吗？这些问题对于有兴趣跟踪新出现的"公民科学"现象的研究人员来说非常重要。

十多年来，作为一种潜力巨大的收集大规模数据的既经济又高效的方法，以及一种架起公众和科学家之间的智力桥梁的手段，公民科学受到越来越多的关注。除了关注公民科学可能带来的物质和社会效益，对于公民科学是否塑造了普通公众、科学、科学家和政策制定者之间的互动，以及如果是的话是以何种方式，则几乎尚未尝试投入研究。本书通过评估产生自公民科学的关于现实生活的话语，包括文本的和视觉的，探索公民科学这些尚且知之甚少的维度。在此过程中，致力于扩展科学修辞学领域主题广泛的学术研究，例如视觉传播、专家论证、科学家和非专业者之间的认同，以及政策论证中的科学理性和非科学理性之间的互动。

公民科学

在讨论公民科学可能以什么样的方式来扩展我们对于科学和辩论的理解之前，一个重要的问题是要思考"公民科学"这一术语指的是什么样的活动，以及这些活动在哪些维度上引起或尚未引起研究者的关注。从最普遍的意义来讲，"公民科学"指运用数字技术对关于自然现象进行信息众包的新兴实践。这个基本界定框架在许多科学家和科学普及者讨论公民科学的作品中被广泛使用。例如，最近出版的《公民科学：公众参与环境研究》(*Citizen Science：Public Participation in Environmental Research*)一书中，康奈尔大学鸟类实验室负责人约翰·费茨帕特里克(John Fitzpatrick)写道："按照目前的设置，(公民科学)项目……让参与者完全作为传感器来记录和传递(那些由)科学家设计的观察结果，并且组织收集起来作为在后端分析中会使用的数据"(Fitzpatrick 238)。同样，科学记者杰弗里·科恩(Jeffrey Cohn)在《生物科学》(*Bioscience*)杂志上解释道：
"'公民科学家'一词是指作为协助者参与科学研究的志愿者······通常，(他们)是没有参与分析数据或撰写科学论文的志愿者，但他们对于收集研究基础信息至关重要"(Cohn 193)。

　　这些对公民科学的一般性描述，与一个半世纪以来的传统活动有关，即公众志愿者为政府和科学机构收集关于天气和天文事件等自然现象的信息。①虽然现代公民科学具有其前身的某些基本特征，但是只有具备现代数字形式的公民科学，才被正式视为一种科学活动。实际上，根据《牛津英语词典》(*Oxford English Dictionary*)，"公民科学"这一术语直到 1989 年才出现在印刷文献中。科学文献数据库也显示，直到 21 世纪，公民科学才成为科学家共同体之间讨论的一个主题。生态学家乔纳森·西尔弗顿(Jonathan Silvertown)解释说："尽管其根源深厚，但直到最近，现代公民科学形式才被其参与者们认识到是一项清晰明确的活动。2009 年 1 月，科学信息研究所 *Web of Knowledge* 数据库只有 56 篇关于'公民科学'的文章······几乎所有公民科学的文章(80％)都集中在最近 5 年"(470 页)。

　　根据西尔弗顿对 *Web of Knowledge* 数据库的计算，公民科学这一独特的趋势在 2004 年至 2009 年期间以某种实实在在的方式涌现出来。②但是，究竟是什么使得这一新兴实践与以往有所不同？对科学文献中这一实践的详细分析表明，一些科学家基于定

---

① 关注现代公民科学的学者将其历史回溯到 19 世纪利用公众收集天文现象资料，以及开始于 20 世纪初的圣诞节鸟类普查，将其作为公民科学的历史案例。第一章会深入探讨公民科学的历史。也可参见 Silvertown 467；Dickinson, Zuckerberg, and Bonter 150。

② 对 web of knowledge 数据库检索发现，"公民科学"一词 2004 年首次出现在数据库中。我假设西尔弗顿的计算基于 2004—2009 年的参考文献数量。

量基础做出了区分。例如，库珀（Caren Cooper）等人在 2007 年的一篇论文《作为社区生态系统保护工具的公民科学》中写道："公民科学"模式利用分散的志愿者网络，运用专业研究人员开发的方法或者与专业研究人员合作来协助专业研究。公众在广泛的地理学领域发挥了收集数据的作用。与依赖当地志愿者的研究项目相比，公民科学借助分布广泛的参与者，创造了在相当宽泛的领域进行研究的能力"（2 页）。

　　库珀等人对公民科学与其他类型的志愿者研究项目的比较研究，突出了这样一个事实：公民科学包含了更多的参与者在更大的地理区域内收集更多的数据。不过，对于其他科学家来说，区别不仅在于非专业人员的参与数量或他们收集的数据的总量，还在于这意味着新的数据收集模式成为可能。与以前的志愿者参与项目相比，现代公民科学独一无二，因为它利用广泛的计算资源及与其连接的互联网。事实上，公民科学作为一种全新的科学活动得以兴起，与这些技术的发展和扩展密切相关。在 2010 年的一项对公民科学兴起的回溯性研究《作为生态研究工具的公民科学：挑战与优势》一文中，作者迪金森（Janis Dickinson）、扎克伯格（Benjamin Zuckerberg）和邦特（David Bonter）指出了两者之间的关系："公民科学项目在过去十年里数量激增，具有通过互联网跟踪大规模环境变化带来的生态和社会影响的能力。成熟的互联网应用程序有效地利用众包技术在大范围的地理区域收集数据，为参与者带来了提供、获取和使他们收集的数据有意义的机会"（150 页）。

　　就像迪金森、扎克伯格和邦特解释的那样，互联网的兴起使得科学家能够有效地利用新资源，并为非专业的志愿者参与科学提供了新的机会。简略了解一些现代公民科学的例子，就可以了解到非专业人员和科学家目前可以合作的方式，以及两者之间的这种新关系可能正在对科学的物质状况和社会状况带来何种影响。

公民科学潜在的物质优势和社会优势

现代科学是一项物质密集型事业，需要大量的计算能力和人力资源来收集和处理数据。面对经费预算紧张的问题，科学家们已经认识到公民科学能够保证为他们提供继续推进研究所需的资源，并开发一些极为好用的方法，利用公众的物质和智力资源来推动科学。例如，最早的公民科学项目之一 SETI@home（1999），充分利用公民个人的计算资源，允许"寻找地外智慧"（SETI）的研究人员借用公民个人的家用计算机处理来自望远镜数列的数据（"About SETI@home"）。尽管笔记本电脑或台式机的计算能力很难与超高速的超级计算机媲美，但 SETI 项目能将数据处理外包给数千台私人设备，为其数据处理降低了实质性的成本。

除了利用公民的个人电脑作为处理科学数据的资源外，科学家还利用数字技术挖掘他们解决科学难题的认知能力。例如，2008 年，华盛顿大学的研究人员开发了 FoldIt 游戏，并邀请使用互联网的公众帮助他们弄清楚重要类别的蛋白质是如何自我折叠的。通过解决在线折叠难题，游戏参与者帮助科学家开发可以在实验室制作和测试的蛋白质结构模型（"FoldIt"，Wikipedia）。FoldIt 游戏玩家的解决难题能力如此之好，甚至发现了逆转录病毒蛋白酶 M-PMV 的结构，这是猿类艾滋病的关键蛋白，为艾滋病研究做出了至关重要的贡献（Khatib et al. 3）。

FoldIt 利用非专业人员解决难题的技能来推动科学研究，而像 Feeder Watch 和 Galaxy Zoo 这样的数字公民科学项目则利用互联网招募一批公众志愿者来收集和处理数据。鸟类学、物候学①和生态学这类需要大量数据的学科领域，要依靠地域上分散的志愿者来收集诸如鸟类迁徙和植物开花期等现象的数据。鉴于这些事件的分散性质，科学家们认识到不可能有足够多的研究人员和研究生来完成资料收集。因此，他们对于利用像 Feeder Watch 这样的公民科学项目以寻求非专业志愿者的帮助来收集数据非常感兴趣。相反，天文学和动物学等数据丰富领域的研究人员，则将公民科学家视为处理所收集到的海量数据的资源，通过挖掘他们的能力来对自然现象进行分类。例如，Galaxy Zoo 天文学项目要求非专业志愿者仔细筛选遥远星系的照片并将其进行分类。没有志愿者的帮助，科学家们不可能处理完成天文望远镜已经收集到的大量数据，或者他们也不可能期望处理完逐年增长的数据量。

正如这些例子所示，网络计算的普及使得与公众合作进行科学研究更加可行和有吸引力。作为这些新技术的结果，科学家们已经能够用以前难以想象的方式驾驭公众的计算能力、解决难题技能、数据收集和处理能力。通过这些任务的帮助，在科学面临日益严峻的物质挑战时，公民科学推动着大量科学项目继续向前发展。

许多关于公民科学的科学性和普及性论述都侧重于其物质利益，然而在某些情况下，公民科学潜在的社会效益才是人们关注的焦点。例如，在《公民科学：公众参与环境研究》一书中，编者杰尼斯·迪金森和里克·邦尼（Rick Bonney）指出，随着数字时代的技术为非专业人员和科学家创造了更多的合作机会，科学家们将有更多的机会重新评估公民专家以及科学家自己作为专家的地位："尽管从事公

---

① 物候学是研究动植物生命周期中的周期性事件，如开花或产卵的学科。参见"物候学"。

共事业的科学家们最初可能会相信将教育和研究结合起来以实现公共利益的优点，但是他们对公民科学的参与可能导致他们质疑缺失模型和他们对参与者的其他成见。在这个意义上，公民科学是改变科学家看待公众方式，最终改变科学家看待自己的方式的沃土"（Dickinson and Bonney 11）。

尽管迪金森和邦尼认识到，公民科学可能会影响科学家对非专业知识的认知，他们和其他科学家都认识到公民科学能够为公众提供科学教育机会并且鼓励从科学的角度审视重大公众事务。例如，在对下一代公民科学项目的探讨中，已经要求科学家投入更多的精力去吸引公民参与到研究问题和实验设计的发展中（Bonney et al.，*Public Participation* 48 - 49）。通过跨越研究者和数据收集志愿者的社会认知边界，这些努力旨在促进公众对科学实践和观点的认同。研究者们希望，这种逐渐增长的认同将致力于减缓他们所认为的对公众批判能力的持续侵蚀。迪金森和邦尼解释说："提高公众对科学的批判性思考能力也许是唯一一条削弱企业娱乐新闻信息影响的途径，这些信息充斥着对重大科学和政治问题的歪曲"（Dickinson and Bonney 11）。

从科学角度来看，通过改善科学家对以自然的方式从个人经验中获取的非专业知识的理解，以及改善外行公众对科学实践和观点的理解，公民科学具有转变社会状况的潜力。在关于公民科学的公共讨论中，已经设想到更广泛的社会效益，包括普通公众参与公民科学的政治赋权以及认知上的科学民主化。例如，新闻记者凯瑟琳·罗兰（Katherine Rowland）在《自然》（*Nature*）杂志上关于公民科学能赋予非专业者的政治权利文章中解释："下一代公民科学试图让社区利益相关者积极参与到影响他们的研究中，并利用他们的工作推动政策进步"(Rowland par. 2)。在她的文章中，罗兰引用如下公民科学项目作为享有政治权的例子：刚果俾格米人利用 GPS 跟踪设备来标记非法伐木，以及伦敦居民使用记录设备跟踪附近区域的噪声和空气污染。

尽管罗兰从政治权角度阐述了公民科学的好处，但《波士顿环球报》(*Boston Globe*)的加雷思·库克(Gareth Cook)则着重关注公民科学缩小科学家和非专业人员之间智力差异的能力。通过引用 FoldIt 和 Galaxy Zoo 等网站的例子，他指出"科学由发现所驱动，我们似乎站在发现民主化的开端"(Cook, "How Crowdsourcing")。他解释说，随着公众越来越多地参与数据收集和评估，科学家将不得不审视非专业人员对知识进步贡献的价值。

公民科学是物质的和社会的变革吗？

科普读物和科学文献资料都强调了公民科学在改变科学的物质条件，以及公众、科学家和政策制定者之间的社会、政治和认识论关系方面的潜力。尽管这些资料乐观地讨论了它的变革潜力，但我们要问："有证据表明这些变革正在发生吗？"科技文献中的一些讨论表明，公民科学确实具有改变从事科学活动的物质条件的能力。在一篇评估康奈尔大学鸟类实验室公民科学项目的支出和收益的文章中，实验室的研究者评论"康奈尔大学鸟类实验室现有的公民科学项目每年预算超过 100 万美元"，用来支付员工、参与者、数据收集、分析和管理费用(Bonney et al., "Citizen Science" 983)。尽管花费如此巨大，他们认为"考虑到公民科学项目能够收集到的高质量数据……公民科学模式从长远看能够收回成本"(983 页)。对 SETI@home 项目的经济学研究提供了更有力的证据，证明公民科学能使大型科学项目具有实质的可行性。在一项对 SETI@home 项目的经济收益的分析中，吉姆·格雷(Jim Gray)将公民科学描述为"一笔非常好的交易"，其中"SETI@home 的参与者捐赠价值 10 亿美元的'免费'计算处理时间，还捐赠了 10^{12} 瓦时(电)……(这些花费了)1 亿美元"来帮助搜寻地外生命("Distributed Computing Economics" 3)。

尽管公民科学对科学项目的物质影响已有研究和记录，但其对科学的社会、政治和认识论维度上的影响尚未被充分重视。关于针对这个主题的研究的缺失问题，在非正规科学教育促进中心(CAISE)一份关于公众参与科学研究模式的翔实报告中，进行了详细的分析。在报告的结尾，作者们解释说，理解合作型研究项目——包括公民科学——如何影响社会参与以及科学家与非专业人员的互动，是一个需要填补的重大研究空白：

> 了解公众参与科学研究(Public Participation in Scientific Research, PPSR)的影响，可以推动我们目前所界定的在科学领域学习的局限，包括在非常广泛意义上影响到参与者生活的学习。
>
> 同样重要的是考察学习对科学家的影响。他们从科学知识、科学过程和对科学的态度方面学到了什么？据我们所知，还没有进行过这类研究。(Bonney et al., *Public Participation* 50)

由于缺乏对公民科学的社会产出的评估，从而打开了研究空间，这为审视这一数字时代的新兴现象是如何影响公众、科学、科学家和政策制定者之间的关系提供了机会。由于这一研究空间涉及社会、政治和认识论维度，它欢迎对这些现象有广泛兴趣的领域，利用能描述这些现象的现有概念和方法进行探讨。修辞学具备这些特质。修辞学研究评估语言、句子排列、风格和论据选择的说服性论据，以及研究听众为何并且在何种语境下做出这些选择。修辞学的关注点不仅使其成为研究公民科学的重要学科起点，而且将其作为一个知识空间，其话语可以通过考察公民科学的历史、物质、语言和社会维度加以丰富。尤其是，科学修辞学的分支学科可以从这一探索中极大地获益，并为这一探索作出贡献。本书正是将公民科学的概念核心和学术贡献定位在修辞学领域的学术研究。

公民科学、科学修辞学和科学传播

科学修辞学领域关注的问题，是在不同的社会、政治和物质条件下，如何利用科学中和围绕科学本身的有说服力的论证来增强普通公众、科学家和政策制定者的观点和利益。通过分析公民科学，本书描述并且推进科学修辞学领域目前正在进行的各种讨论，包括考察可视化传播、专家的论点、科学家与非专业人员之间的认同，以及专家的技术化科学理性诉求和非专家理性诉求在政治争论中的互动。

为了给出这些讨论的语境，第一章探讨了公民科学的历史案例，考察了从前数字时代到后数字时代，公民科学在收集数据上的连续性和差异性。通过对 19 世纪和 20 世纪的公民科学项目与数字时代公民科学项目进行对比，指出虽然项目开发人员面临的挑战存在相似之处，但现代数字手段带来的解决方案使公民科学对主流的建制化科学而言更具吸引力并且更重要。正如本书其他章节所揭示的那样，公民科学的地位和实践中的这些变化已经影响了普通公众、科学、科学家和政策制定者之间的互动，并且为修辞学者创造了新的研究空间。

最近十年,科学修辞学学者越来越关注可视化在科学中的作用。在某些情况下,这些研究致力于描述可视化作为解释和说服的媒介的历史发展过程(Gross, Harmon and Reidy 2002; Gross 2009)。在另一些研究中,他们关注科学图像可能且如何被外行滥用,从而产生误导甚至做出对自然现象的误解性论断(Gibbons 2007)。对公民科学的探索提供了一个空间,可以通过研究非专业人员是否利用互联网的技术特性来创造自己关于风险的视觉表征,以及如果是的话以何种方式,来扩大关于视觉在向公众传播科技信息中的作用的讨论。这一主题在第二章"风险重塑"中进行了讨论,该章详细介绍了草根公民科学团体 Safecast 在福岛核事故后为创建自己的辐射风险可视化表达所做的努力。第二章探讨的问题是:草根公民科学所创造的公共风险表征是否与主流媒体的风险表征有所不同? 如果不同的话,这些差异会揭示草根公民科学团体对风险传播①的看法吗? 本章通过将 Safecast 的互联网风险表征和主流媒体对辐射风险的可视化(在三里岛、切尔诺贝利和福岛核事故后公共领域广泛传播的风险视觉表征的唯一来源)进行对比,来寻找问题的答案。

除了扩大对视觉传播的研究之外,公民科学也开辟了新的领域,来探索专业知识在科技问题争论中的作用。学者们已经对专业知识及其对争论的影响问题从不同的角度加以思考。一些学者聚焦于科学家的特权以及科学争论中的科学证据和论据(Katz and Miller 1996; Grabill and Simmons 1998; Simmons 2007)。另一些学者则关注非专业人员努力通过研究科学文献并且科学地重新评估非专业知

---

① Risk communication,也译风险沟通,本书统一翻译为风险传播。——译者注

识而成为专家(Fabj and Sobnosky, 1995; Endres, 2009)。通过关注公民科学项目的产出，本书拓展了如下的研究：非专业人员如何通过思考这个问题发展他们的专业知识？数据收集技术的变化如何影响非专业人员作为专家进行辩论的能力？这个问题在第三章"信息为民和信息由民：互联网和公民专业知识的增长"中进行讨论，该章考察了 Safecast 艰难地对抗关于其公民科学项目可靠性的建制化批判。第三章中记录了 Safecast 发明了连接互联网设备，并陈述如何帮助他们增强进行技术道德论证的能力。数据收集实践和技术影响争论的力量表明，专业知识的障碍，即缺乏对科学文化和实践的参与正在以某种方式被数字时代的技术所侵蚀。

　　除了专业知识外，科学修辞学学者也认识到，在非专业人员和科学家的互动中，人际理解和认同对论证和说服非常重要。例如，关注艾滋病、核能和生物危害等公共敏感话题的公众参与状况的研究人员已经阐明，科学家和非专业人员之间的互动如何强烈地影响这两个群体的信仰和价值观，以及这又反过来如何影响他们之间的互动(Fabj and Sobnosky 1995; Kinsella 2004; Waddell 1996)。例如，在讨论艾滋病活动家和医生之间的互动时，瓦莱里娅·法布(Valeria Fabj)和马修·索布诺斯基(Matthew Sobnosky)特别指出，这些小组间的开放交流如何促进相互间的理解，并认识到双方的辩论代表都对艾滋病患者最感兴趣(172 页)。尽管像这样的学术对话指明非专业人员和科学家之间较密切的互动为双方带来积极的利益，但他们从根本上忽略了这些互动产生负面后果的可能性或者那些可能导致不尽如人意的结果的因素。

　　本书的第四章"关系升温？提升对公民科学理解与认同的收益和挑战"探讨当公民和科学家共同努力解决一个有争议的公共问题

时所面临的挑战。为了理解这些挑战,本章探索了一个由气候科学家罗杰·皮尔克博士和气候变化批评者安东尼·瓦茨共同创建的公民科学合作项目,他们的目的是调查美国历史气候网(USHCN)温度测量站的场地条件。[①] 结合这一案例,本章探讨如下问题:公民科学能否成为促进普通公众与科学家之间认同和相互理解的有效手段?公民科学能否为非专业人员提供进行技术领域论证的途径? 对该项目发展的详细评估揭示出,尽管项目最初是源自对温度测量问题的共同兴趣,但其促进认同和相互理解的能力则是杂糅的。这些发现表明,公民科学受其所处的社会政治背景的制约和影响。因此,公民科学需要的不仅仅是促进公民与科学家之间认同和理解的共同利益和积极合作,它还需要从修辞的视角认识到这些预期产出可能会遇到的社会政治和认识论的障碍。

本书的最后一个主题是科学技术争论中诉诸专家理性和诉诸非专家理性之间的互动,这可能是修辞学和科学修辞学文献中讨论最少的话题。目前学术界关于理性诉求的研究,倾向于分别对待专家理性诉求和非专家理性诉求,并且注重于或者对非专家理性诉求进行定义,或者证明非专家理性诉求在公共辩论中的合法性(Katz and Miller 1996;Grabill and Simmons 1998;Fisher 1987;Fischer 2000)。克雷格·沃德尔(Craig Waddell)在关于北美五大湖区水质标准辩论中所使用的混合诉求的调查研究,是唯一对专家理性诉求和非专家理性诉求在公共辩论中的互动进行的详细学术探讨。沃德尔论证指出,在这场辩论中,成功的诉求既包含技术诉求,也包含他所称的"同心式"的诉求,或称对人类福祉的诉求("Saving the Great Lakes" 154)。

---

① USHCN 是美国政府用来计算变暖趋势和设计气候模型的传感器系统。

本书的最后一章第五章"两种理性叙事：公民科学与政治重建"中，为了回答上述问题，将研究范围扩大到公共政治辩论中的诉诸技术化科学理性和非专家理性的互动中，公民科学在何种程度上并且以何种方式影响公共政治辩论及其结果？为了回答这个问题，该章分析了伦敦刘易舍姆区佩皮斯住宅区的一个噪声地图公民科学项目。这个噪声监测项目由大学研究人员、非营利性组织成员和当地居民合作设计开展，用来监测当地一个废料场产生的噪声。通过将专家的技术化科学理性和非专家理性糅合在一起，社区公民科学家说服自治市关停废料场的活动。尽管居民能够通过这种糅合论证在政策辩论中取得一定程度的成功，但他们对政策过程的影响却有一些意想不到的后果。尤其是，他们关于噪声污染的有科学支撑的结论被当地政府作为在废料场址上建设住宅开发区的理由，这是一项居民们并不完全支持的政策解决方案。通过仔细研究公民科学家和自治市代表的话语和政策论据，该章延伸了关于糅合使用专家论证方式和非专家论证方式的对话研究，表明虽然公民科学收集的科学证据可以强化非专业的政策论点，但同样的是，这些证据也可以被政策制定者利用来推进他们自己的政策决定。

总的来说，上述章节通过详细地探讨基于互联网的公民科学如何改变普通公众、科学、科学家和政策制定者之间的互动和争论，认识到公民科学是修辞学和科学修辞学的重要学术领域。然而，关于互联网是如何改变人们彼此争论或交流的方式的思考，却并不是一个全新的理念。在过去的七年里，已经出版了大量关于这个主题的书籍。例如，芭芭拉·沃尼克（Barbara Warnick）和大卫·海尼曼（David Heinemann）2012 年的《网络修辞学：政治传播的前沿》（*Rhetoric Online：Frontiers in Political Communication*）探讨了新媒体在 2008 年美国大选中的运用,以及 YouTube 的病毒式视频在关于"不问不说"政策的立法辩论中的作用。与此类似,伊恩·博格斯特(Ian Bogost)在 2007 年出版的《劝说性游戏》(*Persuasive Games*)探讨互联网在政治信息传递中的作用,分析网络游戏是如何被用来推动各党派关于美国在伊拉克战争和达尔富尔饥荒问题上的观点。尽管这两本著作有助于我们理解互联网对传播和争论的影响,但它们都没有涉及科技问题。艾伦·格罗斯(Alan Gross)和乔纳森·比尔(Jonathan Buehl)最近出版的文集《科学与互联网》(*Science and The Internet*)是唯一一部对这个问题进行探讨的图书,该书向读者展示了关于互联网对科学实践和论证的影响的持续性研究。[①]

　　一个对主要的修辞学期刊的检索也表明,极少数修辞学学者关注到互联网、科学和争论相互交叉的空间领域。[②] 检索只发现一篇关于这个主题的文章。[③] 然而,这篇文章仅局限于讨论科学博客上非专业人员的自我表征。通过考察公民科学在现实世界中的各种案例,本书试图将关于互联网及其对科学争论和传播影响的研究,扩展到普通公众、科学家和政策制定者之间更为广泛复杂的互动。这样一来,不仅扩大了修辞学和科学修辞学学术领域正在进行的对话,而且有助于对公民科学可能产生的社会后果进行更广泛的探讨。

---

① 我在《科学与互联网》(*Science and the Internet*)第 10 章中,提供了包括补充第 2 章中对辐射风险视觉表征研究的附加资料。

② 《修辞学会季刊》(*Rhetoric Society Quarterly*),《修辞学和公共事务》(*Rhetoric and Public Affairs*),《环境传播》(*Environmental Communication*),《技术传播季刊》(*Technical Communication Quarterly*)和《写作传播》(*Written Communication*)。

③ 参见 Grabill and Pigg。

第一章　公民科学的根源

　　认为数字技术正通过公民科学在重塑普通公众、科学、科学家和政策制定者之间的互动，就意味着公民科学是数字时代的全新产物，或者说数字时代的技术已经在公民科学实践中产生了某些显著的差异，从而可以解释这些内在作用的改变。本章表明，公民科学并不是一个新生现象，而是一项有其历史根源的事业。尽管科学共同体直到最近才采用"公民科学"[①]这一术语，但是当前公民科学这一术语所描述的实践，其早期实例则已经在 19 世纪中叶到 20 世纪末包括气象研究和鸟类统计在内的各种研究中初见端倪（Silvertown 467；Bonney et al.，"Citizen Science" 978）。此外，为了说明公民科学并不是新生事物，本章还通过比较历史上的公民科学与现代公民科学的异同，考察了数字技术引入之后公民科学发生的改变。尤其是本章比较了不同时期的研究者在试图与非专业人员合作时所面临的挑战，并且比较了他们为克服这些障碍而采取的策略。这一比较表明，尽管不同时期开展公民科学的挑战是相似的，但随着数字技术的引入，应对这些挑战的策略已经发生了重大变化。我认为，这些变化，

---

① 《牛津英语词典》（The Oxford English Dictionary）中确定"公民科学"首次出现在 1989 年的《技术评论》（Technological Review）杂志上。参见"citizen science"词条。

连同大数据与日俱增的重要性,促使 21 世纪的科学家接纳了公民科学作为科学事业的合理组成部分。这种接纳不仅为普通公众、科学、科学家和政策制定者之间的冲突创造了潜在的新领域,也对传统的科学概念化带来了挑战。

史密森学会气候项目(1848—1870 年)

可以认为,现代公民科学或许能够追溯到 1665 年《皇家学会哲学会刊》(*Philosophical Transactions of the Royal Society*)的创办,当时英国皇家学会的首任秘书亨利·奥尔登堡(Henry Oldenburg)呼吁会员们"互相传授知识,并尽己所能为增进自然知识的宏伟事业贡献力量"(Oldenburg 1)。然而,在本书中,我将现代公民科学的前身只追溯到 19 世纪中叶,在那个时代,随着政府越来越频繁地转向利用科学来处理商业、战争、农业和健康等实际问题,科学开始制度化。在这个框架下,出现了专业化的科学认同和建制化的科学参与,公民科学的实践包括非专家和非建制化角色的参与,这成了 17 世纪至 19 世纪初较为贵族化的科学的另一面。正是本着这种更加民主地参与科学的精神,利用詹姆斯·史密森(James Smithson)的遗赠成立了史密森学会,以支持"知识的增长和传播"。史密森学会的第一次大型科学研究事业——气候研究,就成为公民科学实践的典范,因为它集合了各方力量以达成其研究目标:政府支持、科学专家和公益劳动。通过考察这项早期的事业,有可能了解到伴随着非专业人员参与科学活动而来的众多挑战,以及为应对这些挑战而提出的策略。

与现代公民科学不同的是,史密森学会的气候项目是在进行一项科学领域的奠基工作,而不是推动已有科学范式的工作。19 世纪

40年代末，史密森计划开始实施，当时气象学无论在美国还是欧洲都是一门刚刚起步的科学。虽然针对不同的天气现象已经有零散的研究，但是尚缺乏获得一致认同的范式或气象机构来支持这门科学。在这一前范式阶段，围绕着涉及一系列理论和解释的诸多问题出现了广泛的争议，其中很少能够得到经验支持。例如，这一时期最著名的争论之一就是关于风暴性质的争论。这场争论涉及美国著名的气象研究人员——威廉·雷德菲尔德（William Redfield）、詹姆斯·埃斯皮（James Espy）和罗伯特·黑尔（Robert Hare），他们每个人都对风暴现象有截然不同的见解，彼此相互对立。[①] 科学家们意识到要推动关于风暴和其他天气现象问题的研究进展，他们必须收集大规模的数据。例如，英国著名天文学家和科学哲学家约翰·赫歇尔（John Herschel）谈到气象学时认为："只有通过广泛分布的大量合作观测才能有效地推动（气象学）的发展……（气象学）是科学中最复杂但最重要的分支之一……（并且）同时，任何一个人只要遵守简单的规则，加之一定程度的谨慎，就可以提供有效的服务"（Herschel 133）。

与赫歇尔主张将大众观测吸纳到天气观测研究中类似，史密森学会的首任秘书约瑟夫·亨利（Joseph Henry）在对风暴和其他天气现象进行研究时，贡献了相当程度的组织精力和预算支持。史密森学会从19世纪40年代末到19世纪70年代期间所尝试进行的天气研究，表明了那些希望能够利用非专业人员进行自然研究的科学机构所面临的挑战。首要的障碍是资金。没有资金支持，就不可能收集到处理气候研究所必需的海量数据。幸运的是，史密森学会是一个捐赠性机构。然而，亨利还是不得不说服评议委员会，证明这个项

---

① 参见 Fleming 23 - 54 关于风暴的争议。

目值得出资支持。1847 年,他申请资助"扩展气象观测,解决美国风暴问题"(qtd. in Fleming 76)。作为答复,评议委员会给他拨款 1 000美元,用于"气象调查的启动",这笔资金占该机构的预算近 6%(qtd. in Fleming 76)。尽管在 19 世纪 40 年代末,对于气象科学研究来说,1 000 美元已经是一笔可观的资助,但是它却不足以派遣训练有素的科学人员(即便能够找到足够的科学人员)到美国各地进行观测或者支付他们的仪器费用。那么,说服非专业的美国公民自愿贡献出他们的时间,甚至提供他们自己的设备来帮助科学的进步,对于史密森学会来说是至关重要的。为此,史密森学会向国会议员们发出了一份通告,要求他们"向他们认为有利于该事业的选民"发放这份文件(Foreman 68)。30 个州的 412 人收到了这份通知,155 名观察员自愿加入该项目(Foreman 69)。

　　尽管还有一些专业团体的代表性比其他团体的代表性更强,但同意参加项目的志愿者代表了广泛的美国社会阶层。不出所料,最初的志愿者招募容易被受过教育的精英所接受,他们中的许多人本身就已经在从事科学研究。在对参与者的文献分析中,历史学家詹姆斯·弗莱明(James Fleming)指出几乎一半(47%)的志愿者来自"科学、技术或教育行业"(Fleming 92)。另一半志愿者则大部分来自能够适应日常观测的职业,因为观测要求志愿者每天需记录 3 次(早上 7 点、下午 2 点和晚上 9 点)天气状况,每周记录 6 天。史密森学会负责该项目的职员爱德华·福尔曼(Edward Foreman)在一份《关于气象通信的总助理报告》中解释说:"一般来说,观察员的职业需要在某种程度上能配合观测,一年四季中每天要在规定的时间到达观察地点……观察员的职业包括:大学教授、学校教师、农民、医生、法律和文员,以及少数从事机械和贸易行业的人"(Foreman 77 - 78)。

　　福尔曼对志愿者的描述，表明了观察员需要规律的时间表，并且解释了这一标准吸纳了广泛的社会参与者。尽管很多参与者是科学专家或教育专家，还有很多其他参与者是没有接受过气象学仪器训练或科学观测方法训练的门外汉。随着时间的推移，当项目观测扩展到美国西部乡村和人烟稀少的地区时，并且当专业科学人员逐渐回归到他们自己的研究领域并离开他们认为获益较低的归纳式天气观测活动时，非专业人员的参与与日俱增。由于这些动态变化，在史密森学会气候项目结束时，参与观测的农民比例已经从 1851 年的 8％上升到 1870 年的 37％，而参与观测的科学人员、技术人员和教育人员比例已经由 47％下降到 16％（Fleming 92）。

　　既然在史密森学会的观察员队伍中有领域如此广泛的专家，那么史密森学会组织者面临的第二个问题就是，怎样才能从观察者那里收集到可信的并且合乎标准的关于天气的数据。亨利最初鼓励标准化的策略是免费向所有观察员提供一套记录数据的表格。这些表格有三种格式，分别对应观察员所使用的不同仪器。第一种表格面向持有最多仪器的观测者，包括干湿球温度计、气压计和雨量计。第二种表格发给那些持有限数量仪器的观察者，通常包括温度计和风向标。最后，第三种表格发给那些没有仪器的人。观测者每天都会在表格里记录关于温度、气压、风向的数据，以及有关云层类型和雨雪程度的信息。每个月月初，他们都会收到新的表格，并把填好的表格寄回史密森学会。

　　通过使用标准化的表格，能够规范史密森学会组织者收到的信息，但是却无法解释测量本身的准确性和一致性。一个特别值得关注的问题是测量仪器的标准化（或者缺乏标准化），以及参与者所使用的测量方法和记录测量数据的方法。为了确定和纠正仪器缺乏标准化的问题,史密森学会聘请瑞士移民阿诺德·亨利·居约(Arnold Henry Guyot)巡查纽约的学术机构,检查仪器的一致性和测量方法的准确性。在巡查过程中,居约对他见到质量低劣的仪器感到大为震惊。1850年1月,他写信给约瑟夫·亨利说:"我没见到一个测量站,更不必说一组测量站……这些测量站的工作环境和仪器远远不及我在之前旅途中看到过的"(qtd. in Fleming 118)。调查结束后,居约委托纽约市的仪器制造商格林(Green)和派克(Pike)设计新的标准气压计,并从仪器制造商那里购买温度计和气压计,分发给史密森学会气候研究项目的观测者(Fleming 119-120)。

除了调试和购买更精准的仪器,居约还努力改进测量的标准化,他编写了一本手册,向观测者介绍如何正确设置和校准仪器、读取仪器读数,以及如何将结果正确地记录在通用气象表格上。例如,当描述冬季应该如何读取温度计时,他建议:"不论什么时候都可以读取仪器读数,并且特别是冬季……不要开窗;否则室内温度将不可避免地影响室外温度计的读数"(Guyot 8)。除了关于如何准确地进行测量和记录的建议外,居约通过增强气象观测者的公民责任感,保持他们在数据收集和日常计算中的纪律性:"只有通过观测者自己(对每日、每月和每年的温度平均值)的校正,他们才能进行比较,真正来研究气候现象的过程。观测者的兴趣将日益浓厚,因为他感觉到自己正在合作参与一项伟大的工作,这项伟大的工作一下子关系到他的整个国家和世界科学,而这项工作的成功取决于所有参与工作的人们的准确度、忠诚度和奉献度"(Guyot 41)。正如这一告诫所表明的,校正仪器和编制标准图表并不是鼓励精确科学唯一可依赖的策略。说服性论据或修辞性论据同样可以使用。通过呼吁非专业观测者的共同体意识以及对科学和国家的责任感,居约唤起了"公民科学家"的精神（尽管当时还不是"公民科学家"这个术语），来鼓励史密森学会的观测者继续收集数据，并认真谨慎地继续他们的事业。

经过不遗余力地筹集资金，寻找参与者，确保准确性和鼓励合作，史密森学会气候项目开始结出硕果。1861 年和 1864 年，美国专利局出版了两卷书，其中一部为《1854 年至 1859 年（含）美国专利局和史密森学会指导下收集的气象观测结果》(*Results of Meteorological Observations under the Direction of the United States Patent Office and the Smithsonian Institution from the Year 1854 to 1859，Inclusive*)。根据这卷书中的数据，还出现了一些重要的科学出版物。最引人注目的成果，也许是詹姆斯·亨利·科芬（James Henry Coffin)的《北半球风》(*Winds of the North ern Hemisphere*，1853)和《全球风》(*Winds of the Globe*，1875)，这两本书对地球上大气循环概况进行经验性描述，并且基于证据对如何在飓风期间最优化地保证海上和海军航行的安全性提出建议。[1] 虽然史密森学会气候项目的工作最后并没有终结关于风暴的争论，但它确实使美国气象学成为令欧洲羡慕的对象，欧洲人直到 1854 年才开始系统地收集数据，而且他们发现自己预测和监测天气的能力远远落后于美国（Anderson 2，247 – 249)。

通过回顾史密森学会气候项目，我们看到了影响早期公民科学组织者的一些紧迫需求和障碍。对于亨利和史密森学会气候项目的其他组织者来说，让非专业人员参与科学数据收集，首要的迫切任务是积累科学知识并且解决有关气候现象的著名科学争论。为了实现他们的目标，他们依靠广泛地分布在美国各地的观测者的善意和勤

---

[1] 由科芬和费雷尔共同发现的航海定律被称为白贝罗定律。参见"James Henry Coffin"。

奋。由于材料和知识资源在人群中分布不均，以及由于他们对准确数据的渴望，组织者不得不筹集资金，校准仪器，教授科学观察的基本知识，并告诫观测者保持对科学实践和项目使命的忠诚。通过他们的努力，他们能够建立一个稳定的由志愿者组成的非专业观测者网络，为他们提供气象数据，促进气象理论和规律的发展，帮助气象学在 20 世纪发展成为一门现代科学。虽然为创建一门新科学提供基础并不是现代公民科学的迫切任务，但关于筹集资金、确保准确性和鼓励参与的挑战仍然是现实的障碍。然而，正如我将讲到的，这些障碍在数字时代的公民科学中以不同的方式得到了解决。

圣诞节鸟类普查（1900 年至今）

尽管现代气象学的发展历程是一个非常成功且仍在运行的公民科学项目的例证，[①]然而最常被引用的现代公民科学的前身是奥杜邦协会的圣诞节鸟类普查。圣诞节鸟类普查于 1900 年由美国自然历史博物馆馆长、鸟类学家弗兰克·查普曼（Frank Chapman）发起，发起之初被称为圣诞节鸟类计数，为公民科学发展提供了一抹别样的掠影。史密森学会气候项目的首要目标是发展出气象科学的范式，与此不同的是，圣诞节鸟类普查的首要目标是培养公众对鸟类和鸟类学的兴趣并向公众提供这方面的教育。从为科学收集关于一种自然现象的兴趣转变为产生关于一种自然现象的兴趣，科学家在与非专业人员合作方面所面临的挑战以及克服这些挑战的策略也随之发生了变化。

圣诞节鸟类统计的目标在于对公众开展教育并引起他们对鸟类

---

① 美国国家气象局的合作观察者项目（COOP）仍然依靠志愿者来记录观察数据。

研究的兴趣，这并不足为奇，因为它的发起者——美国各地的奥杜邦协会①，成立之初就是对鸟类保护感兴趣的社会活动家的俱乐部。19世纪末，首个奥杜邦协会的创始人乔治·伯德·格林内尔（George Bird Grinnell），在从他家到办公室的路上，数了数路上遇到的纽约女士们戴的帽子上装饰的标本鸟和鸟类羽毛的数量后，大为震惊。这一场景让他猛然醒悟，意识到保护鸟类的必要性，并激励他创办了第一个倡导保护鸟类的奥杜邦协会。尽管由于格林内尔无法应付协会收到的压倒性反应，该协会停办，但独立的奥杜邦协会发展起来，以关注鸟类保护问题（Stinson 5）。由于他们的政治目的，这些团体被美国鸟类学家联盟（AOU）视为社会性组织，而非科学协会。尽管这些协会的目标是非科学的，但他们的领导者往往是鸟类学家，如弗兰克·查普曼，他认为引入鸟类学的科学研究，对于让公众对鸟类以及鸟类保护产生兴趣至关重要。1899 年，查普曼成为《鸟类知识》（*Bird Lore*）杂志的第一任主编，该杂志是奥杜邦协会的官方出版物。在他的指导下，该出版物发展成为向协会成员和广大读者提供有关鸟类和鸟类保护问题的教育和宣传的机构。

在这本杂志的最初几期中，我们可以看到查普曼致力于实现这些目标的文字证据。在是否允许奥杜邦成员加入美国鸟类学家联盟的讨论中，查普曼的回应非常清楚，阐明了奥杜邦协会和科学联盟之间的区别。他写道："我们不会把奥杜邦协会和美国鸟类学家联盟做任何比较，当他们的关系被正确理解后，他们会被视同为预科学校与大学。奥杜邦协会的领域在于激发人们对鸟类研究的兴趣……美国

---

① 与今天不同的是，当时没有一个全国性的奥杜邦协会。而是各个奥杜邦协会的联合体。参见 Stinson。

鸟类学家联盟的领域则是在他们结束预科之后将其招收为学员……并通过来自协会的激励来维持他们的兴趣"(Chapman，"The AOU"162)。

这篇评论中对激发鸟类研究兴趣和鸟类保护的明确关注，在查普曼对圣诞鸟类普查的最初呼吁中也得到证明。鸟类普查本身旨在通过基本的鸟类学领域的实地调查，向参与者普及鸟类学知识以及如何识别鸟类。在鸟类普查的声明中就有这些目标的证据，包括一套关于收集哪些数据的基本说明，和史密森学会的气象调查基本一致。在描述数据收集的类别和流程时，查普曼解释说："报告首先应该给出地点、开始和返回的时间、天气特征、风向和风力，以及温度……然后，应按照美国鸟类学家联盟的"检查表"中给出的顺序，添加对鸟类的观察，如有可能，还应包括所观察到的每种鸟类的确切或近似数量"(Chapman，"Christmas"192)。

因为他们要求鸟类普查的参与者查阅一些仪器(如手表、风向标和温度计)，并使用官方的科学参考指南来列出物种，查普曼的参考指南具有科学依据。尽管查普曼很有可能利用鸟类学的方法来组织鸟类普查的数据收集活动，但有证据表明，这些操作对于参与者来说更是一种教育和享受，而不是针对鸟类种群的科学研究。与史密森气候项目不同，圣诞节鸟类普查的目的并不是为了回答特定的科学问题，事实证明，直到圣诞节鸟类普查开始的 15 年后，鸟类学界才有关于鸟类种群研究的连贯的学术对话。以"鸟类普查"和"鸟类计数"为关键词，对美国鸟类学家联盟杂志《海雀》(*The Auk*)的文章进行检索，结果直到 1914 年宣布第一次全美鸟类普查，才出现涉及这些主题的文章。此外，没有证据表明，1914 年前圣诞节鸟类普查的数据在鸟类学家的学术研究中发挥了作用，[1]在此之后其数据也没有出现在任何规律性的科学工作中，这一情况一直持续至 1930 年（Stewart 185）。

如果搜索鸟类只是为了兴趣，那为什么要求参与者收集数据呢？当然，部分原因是教育。通过学习如何识别和描述鸟类的情况，业余观鸟者将学习鸟类鉴定的基本知识，并能够将季节条件和鸟类种群联系起来。类似地，统计鸟类的实践将提高参与者对其附近鸟类的认识，这与奥杜邦协会的政治保护目标紧密相连。不过，鸟类普查的另一个原因是为了提高观鸟活动的娱乐价值。查普曼在 1900 年圣诞节鸟类普查一开始就强调了这项活动的娱乐性，他在圣诞节鸟类普查的公告中，将这一活动与传统的圣诞"狩猎比赛"（side hunt，也称边猎）进行了比较。查普曼解释说，狩猎比赛时"两队狩猎者同时……进入田野和树林，他们的任务是猎获所看到的野兽或者禽类"（Chapman，"Christmas" 192）。这个传统狩猎活动的关键是看双方谁的狩猎战利品更多。查普曼回忆道，获胜一方的狩猎战利品"经常会在主流运动杂志上展示，也许编辑还会有一句对胜利者的褒奖"（192 页）。圣诞节鸟类普查则提供了另一种狩猎方式，参与者是用眼睛和耳朵而不是用枪来瞄准猎物，他们在纸上记录自己的观察情况，而不是记录动物的尸体数量。这既保留了狩猎和竞争的刺激性，同时避免了破坏自然资源，而这正是奥杜邦协会所致力的工作。观鸟活动的参与者也会因为他们的观鸟技巧而受到关注，因为查普曼每年都会在《鸟类知识》杂志的第 1 期公布他们的统计结果。

---

[1] 斯图尔特发现数据首次出现在珀金斯（E.H. Perkins）的文章《〈鸟类知识〉中圣诞节鸟类普查的一些结果》（1914）中。参见 Perkins。

查普曼的鸟类普查活动被证明相当成功。1900年的第一次活动共有来自25个地区的27名参与者。到1951年,共有5 151名参与者在433个不同的地区参加鸟类普查活动。2012年,数以万计的鸟类爱好者,在2 000多个地区参加活动(Stewart 184; "About the Christmas Bird Count")。随着鸟类普查活动覆盖范围不断增加,科学家们开始对这些数据产生兴趣,将其作为研究鸟类冬季数量和迁徙模式的信息来源。随着对这些数据兴趣的上升,科学家们担心收集数据的方法不够可靠,无法确保计数的准确性。然而,与史密森学会气候项目不同,科学家不能要求参与者以特定的方式收集数据。原因在于圣诞节鸟类普查是由一个保护协会所设立的,其目的是教育协会的支持者,使他们关注鸟类及鸟类保护。因此,该项目没有科学授权,科学机构也没有权利管控参与者的活动。这样的话,科学家面临的挑战就是,如何与奥杜邦协会及其会员协商将获取原始数据的目标同促进公众对鸟类的兴趣和开展鸟类教育的目标同步起来。

从历史上看,这种协商需要小心处理,通常需要科学家们适应圣诞节鸟类普查方式的渐进变化。20世纪50年代、80年代和21世纪初,随着人们对数据价值的日益重视以及数据处理技术的不断提升,科学家们的敏锐性及其在数据搜集能力上的有限性,让他们对理想的公民科学充满了愿景。对鸟类普查的第一次科学呼吁出现在1954年的医学期刊《威尔逊公报》(The Wilson Bulletin)上。鸟类学家保罗·A. 斯图尔特(Paul A. Stewart)在《圣诞节鸟类统计的价值》一文中指出:"圣诞节鸟类普查可能是收集初冬期间鸟类种群数据的一种非常有效的方法,但是如果要想最大化,或是更好地让这些数据具有科学用途,那就需要改进现有的技术"(193页)。斯图尔特认为,为了发挥鸟类普查作为一种科学工具的潜力,参与者需要准确地确定他们在计数时所覆盖的区域，并每年都沿着相同的观察路径。他还批评了观察者鉴定的可靠性，以及他们在一个地区搜寻鸟类的方法。

斯图尔特关于改变鸟类普查的建议遭到约瑟夫·希基（Joseph Hickey）教授义愤填膺的反对，他是威斯康星大学林业和野生动物管理系的教授，长期参与鸟类普查。他在写给《威尔逊公报》编辑的一封信中回应了斯图尔特的观点："请允许我指出，圣诞节鸟类普查基于相当大程度的情感成分，在今天这个物质至上的社会里，这种情感成分仍然享有良好声誉。……不管我们多么希望圣诞节鸟类普查有其他改进，但我们要认识到，这些建议中强加了许多非专业研究者根本不能接受的规则。对他们来说，圣诞节鸟类普查本质上是一种娱乐活动，在这项活动中，竞争、惊喜、稀有鸟类和一长串名单等独特的元素都是光鲜的并给人以成就感"（Hickey 144）。希基的论点——鸟类普查活动的科学化会剥夺其乐趣和娱乐性，清楚地说明了科学家在鸟类普查活动中的局外地位，以及他们在使活动科学化时所面临的障碍。希基在这里尤其指出，给计数增加过多的规则可能会让参与者丧失参与的热情，这不仅会破坏一个教育非专业者有关鸟类知识的社会机制，同时也减少了活动作为数据来源的有效性。

类似的岌岌可危的谈判于 20 世纪 80 年代和 21 世纪初再次发生。20 世纪 80 年代，统计学研究人员建议，他们可以与奥杜邦协会合作，推广一种数据收集和处理的"理想模式"。为了说服参与者加入科学项目，得到更好的数据，就像居约那样，研究者们利用公民对科学的好奇和公民自豪感为诱因："一个理想的模范数据显然需要每个参与者特别是编录者付出更多的努力和耐心……我们将为理想的模范数据提供各种直接激励：免除 50% 的参与费用，（以及）授予其提供的数据为'精英数据'。领先的自豪感、开拓的新领域、获得社会声誉等的激励,都是强大的动力"(Arbib 148)。

尽管有公民们能得到科学领袖或先锋称号的激励,但科学家的理想模式却从未得到圣诞节鸟类普查参与者的迎合。到了21世纪初,科学家们希望建立一个更严格的鸟类数据收集系统的愿望大大减弱。他们顺从地接受了这个事实:纠正鸟类普查中的错误这一任务主要还得由他们来承担。为此,对数据感兴趣的科学机构,如康奈尔大学鸟类学实验室,开始投入力量分析统计学数据以评估计数偏差,并采用数学方法修正以消除这些偏差。至于提高非专业志愿者的贡献方面,邓恩(Dunn)等人在《加强圣诞节鸟类普查》(2005年)一文中指出,奥杜邦协会的主导作用可能是:①"要求参与者在室内分别记录喂食期间看到的鸟类……和其他专门的计数",②"在每个(观察)圈内建立标准化的计数区域或路线"(342页)。即使是这几条建议,也只是一份科学的愿望清单,而不是命令。研究者承认,有迹象表明将这项活动纳入科学模式可能会损害其教育价值和社会价值。也就是说"虽然理论上可以修改圣诞节鸟类普查协议,以解决与地点选择和人力差异相关的所有挑战,但专家组得出结论……改变调查设计和数据收集方法,使圣诞节鸟类普查成为一项严格的鸟类种群监测项目,将大大降低其价值。圣诞节鸟类普查极其重要的非科学优势将会丧失,包括对参与者和整个社区的社会和教育价值,以及其作为公民科学教育的一个切入点"(Dunn et al. 342)。

对圣诞节鸟类普查简要的历史回顾表明,一些传统的公民科学项目及其数字时代的派生物并没有发展到能运用到技术领域的目标。相反,它显示了公共领域亟须说服人们重视和保护自然资源,也可以鼓励非专业人员参与收集有关自然的信息。尽管圣诞节鸟类普查起点不高,但目前已成为保护鸟类运动史上最成功的公众参与活动之一。由于鸟类普查的声望以及利用半科学的形式收集的鸟类和它们出没环境的信息，来自鸟类普查的数据引起了科学界的关注和兴趣。正是有了这种兴趣，数据统计的缺陷也就成为科学研究的一个目标。这项探索揭示了公民科学产生以来所面临的另外一个挑战：负责收集数据的非专业人员的需求和价值观与编辑并处理数据的科学家的需求和价值观之间的矛盾。

数字时代的公民科学

前面部分讨论的公民参与科学实验的历史案例表明，我们现在所说的"公民科学"与数字时代之前即早期的招募非专业人员收集自然信息的尝试有相似之处。21 世纪的科学家们认识到了这些相似之处，他们经常把自己的公民科学研究置于这些早期项目的背景之下。例如，在 2009 年关于公民科学的圆桌讨论中，康奈尔大学鸟类学实验室的研究人员认为："公众参与科学研究并不新鲜。灯塔看守人早在 1880 年就开始收集有关鸟类撞击船只的数据；国家气象局（美国）合作观察员计划始于 1890 年；奥杜邦协会从 1900 年开始每年进行圣诞节鸟类普查"（Bonney et al.，"Citizen Science" 978）。

尽管认识到了现代公民科学与早期广泛的数据收集活动之间的密切关系，21 世纪的科学家们却辩称，这两项事业之间存在显著的差异。对近期发表的公民科学相关主题文章的质性分析，揭示了科学家区分现代公民科学与历史公民科学的方法。这些差异包括：研究规模的变化、非专业参与者的类别、维持志愿者的策略、保证数据质量的方法，以及项目资金的来源。例如，在 2007 年关于这个话题的讨论中，康奈尔大学鸟类学实验室的卡伦·库珀及其同事评论了现代公民科学在解决环境问题时改变规模的潜力。他们写道："将互联网的力量与一群训练有素的公民科学家联合起来,可以提供前所未有的机会,动员社区力量解决新的环境问题,就像让一支等同于'消防队'的环境部队时刻做好采取行动的准备"(Cooper et al. 8)。

虽然一些研究人员根据可以动员的参与数量将现代公民科学与其前身区分开来,但其他研究人员将区分点放在公民科学吸纳非专业人员参与科学活动的能力上。例如,英国生命科学教授乔纳森·西尔弗顿在《生态学与进化趋势》(*Trends in econology and Evolution*)杂志上指出:"现代公民科学与历史上的公民科学的显著区别在于,现在的公民科学是一种人人都能参与的活动,而不仅仅是少数阶层的特权"(Silvertown 467)。他认为,参与者群体的扩大与"易于获得技术工具,便于传播项目信息和收集来自公众的数据"相关(467 页)。然而,史密森学会气候项目依靠那些被国会议员们判断为"有利于开展这项事业"的会员来执行,现代公民科学项目则是通过网络传播。因此,数字时代的科学家们有能力接触到成千上万的志愿者,而不仅是几百个潜在的志愿者。尽管在现代,呼吁公众参与活动的呼声通常会影响那些已经对野生动物、自然保护或科学感兴趣的群体,但公民科学项目在互联网上的存在,为这些群体之外的公众参与进来创造了机会。

数字时代的公民科学项目除了有可能惠及更广泛、更多样化的人群之外,还可以通过获取新的方法来确保参与者们的工作符合科学质量标准。尽管史密森学会气候项目的组织者免费向志愿者们提供汇编好的气象数据,以表示对他们努力的感谢,但他们付出的劳动和获得的回报之间存在着相当长的滞后时间。1854 年为项目提供数据的观察者直到 1861 年,也就是他们工作结束后的第 7 年,才收到《气象观测结果》(*Results of Meteorological Observations*)。在互联网时代，几天、几分钟甚至几秒钟就可以反馈结果。例如，在康奈尔鸟类学实验室的 eBird 网站上，公民科学鸟类观察者可以即时访问他们的数据、其他参与者收集的数据以及进行数据比较的工具（"About eBird"）。这些网站功能在提高参与度方面非常成功，研究人员报告"在实现这些功能后，提交数据的用户数量几乎增加了两倍"（Bonney et al.，"Citizen Science" 981）。

在开发数字工具来持续奖励志愿者以便吸引他们留在公民科学项目的同时，其他人已经在研究如何提高非专业人员收集数据的质量。在前数字时代的公民科学项目中，科学组织者们严重依赖纸笔形式来培训观察者。然而，新的在线形式不但确保数据报告的一致性，同时自动对异常数据进行预筛选，并在进入数据库之前过滤掉异常数据（Bonney et al.，"Citizen Science" 980）。例如，他们允许研究人员利用鸟类观察数据来审查记录，并决定鸟类观察志愿者是否误认了一个物种，或者他们是否确实发现了一种其所在区域异常的鸟类。除了标记可能的错误外，科学家们还具备从统计学上管理数据的能力，以弥补数据质量的问题。例如，借助现代计算能力，研究人员可以将来自科学控制的实地研究数据与公民科学家不太精确的观察结果相结合并进行比较，以创建更精确的现象模型，如鸟类疾病传播和筑巢时间（Bonney et al.，"Citizen Science" 981）。对于美国专利局的詹姆斯·亨利·科芬及他的 15 名统计人员来说，处理这种难以控制的数据的策略似乎是一个遥不可及的梦想，从 1857 年至 1860 年，他们工作了将近 2.9 万小时，手工计算 3 年间的天气观测的基本统计信息（Fleming 126）。

最后，与历史上的公民科学相比，现代公民科学可以以更低廉的成本开展，而且可以获得更广泛的资金来源。过去，志愿者为科学家开展观察提供了免费的劳动力。然而,现代公民科学大大降低了与志愿者合作的成本。史密森学会必须支付打印报表的费用,并依靠美国纳税人来支付邮寄这些表格的费用,然而互联网却使这些费用几乎可以忽略不计。进一步来看,由于计算机硬件的连通性,SETI等机构的研究人员想出了借用用户电脑的方法,以提高他们的计算能力,而不必承担额外的使用服务器或超级计算机的费用。西尔弗顿认识到公民科学的这些经济效益,将其解释为 21 世纪初公民科学优势的影响要素。他写道:"推动公民科学发展的第二个因素是,专业科学家越来越认识到,公众代表着免费的劳动力、技能、计算能力甚至经费"(Silvertown 467)。西尔弗顿还将互联网公民科学的经济效益与其促进社会拓展的能力联系起来。他解释说,这种能力对申请政府基金的科学家具有吸引力,其中大部分都将外展服务作为发放补助金的标准。西尔弗顿解释说:"公民科学很可能受益于美国国家科学基金会(National science Foundation)和英国自然环境研究委员会(Natural Environmental research Council)等研究资助机构,这些机构现在强制要求每一位资助者承担与项目相关的科学推广工作。如果我们想继续花纳税人的钱,要从科学家的价值角度确保公众认可他们所付出的价值"(469 页)。除了使公民科学对政府资助者更具吸引力之外,也许更重要的是,互联网使公民科学项目多样化的资金来源成为可能。例如,像 Kickstarter 这样的众筹网站,允许科学家甚至对公民科学感兴趣的非专业人员能在政府和基金会等传统机构之外,为他们的研究寻找资金来源。

尽管科学家们已经提出了现代公民科学不同于传统公民科学的各种方式,但他们的评估都指向了这些差异的共同来源:数字技术的发展和扩展,特别是互联网的发展。在过去的 15 年里,数字技术使得与非专业人员的合作变得更可取，对科学家也更具吸引力。随着这些从事科学工作的条件发生了变化，公民科学的地位也随之发生了变化。公民科学曾经相对小众，是没有正式称谓的活动，现在业已成为一个定期行动和被官方认可的科学活动类别。例如，对科学期刊数据库①的检索显示，自 2006 年开始，公民科学作为一个经常讨论的话题出现在科学文献中。② 这种新发现并不是像传统公民科学例子中所表明的是一种新活动出现的结果，而是由于数字技术的发展使传统的非专业数据收集的收益增加和障碍减少的结果。

由于数字技术加速了公民科学融入主流科学的速度，扩大了非专业人员参与的数量和类别，因此必须考虑这种融合和扩张是否会影响公众、科学、科学家和政策制定者之间的关系，以及关于什么是科学的传统观点。在本章考察的案例中，我们发现了可能产生重要影响的证据。例如，在圣诞节鸟类普查的历史中，我们看到随着现代计算机的引入，鸟类普查数据如何变得对科学家更有价值。随着数据价值的增加，科学家们也越要对其加强控制。由此，非专业参与者对活动的外展服务、教育和娱乐的兴趣与科学家获取有效数据的目标，两者之间就产生了矛盾。为了获取更好的数据，科学家们就需要解决矛盾，通过与奥杜邦协会及其会员进行协商，使他们超越传统科

---

① 这些数据库包括 Ecology Abstracts，Environmental Science and Pollution Management，Pollution Abstracts，Water Resources，Web of Science 和 Wiley Online Library。考虑到公民科学在环境领域的早期应用，我选择专注于这些学科的数据库。Web of Science 和 Wiley Abstracts 则是包含了更广泛的科学领域。

② 在上一条注释中提到的数据库中，使用关键词"公民科学"进行搜索发现，直到 2002 年很少有相关主题的文章，基本上每年仅有不到 2 篇，直到 2006 年之后该主题的文章才开始显著增加。从 2006 年至 2007 年，在 Environmental Science and Pollution Management 数据库中，文章数量由 10 篇增加到 31 篇。Web of Science 数据库显示，在 2006 年至 2008 年期间，文章数量由 6 篇增加到 12 篇。

学实践的界限。

尽管从公民科学的历史中我们看到了如下脉络：数字技术正在影响着公众、科学和科学家，并改变了科学实践方式，但是鲜有对此影响和变化的研究。[1] 在之后章节的案例中，将会对数字时代公民科学项目的语言和论证进行详细的探讨。这些探讨揭示出，现代计算机技术和互联网以前所未有的方式开启了科学实践和非专业人员参与科学的可能性。例如，它们允许草根公民科学项目在公共和技术领域史无前例地获得参与辩论的机会，这类项目源自非专业人员的利益并以其为中心。反过来，这种无限地接近科学也带来了一些有趣且空前的挑战。对于非专业人员来说，数字时代的公民科学已经产生了新的情况，他们必须尽量实现数据的可信度，并确保他们收集的数据不被用于促进与其利益不相适应的政策议程。对科学家来说，公民科学让他们卷入本可以避免的政治和社会争论中。对政策制定者来说，公民科学允许出现对技术风险的表征，来挑战官方对这些现象的解释。最后，公民科学打乱了传统意义上对科学的期望，模糊了科学家和非科学家之间的界限，将前者纳入社会和政治议程，并允许后者以前所未有的方式和难以想象的规模收集和共享数据。

尽管非专业人员、科学家和政策制定者已经开始正视将公民科学纳入科学实践的挑战，但他们仍然必须设法解决各种问题。通过考察数字时代公民科学在各种情况下产生的话语和争论，接下来的章节将探讨数字时代公民科学的前景和挑战，以及其对科学的潜在影响。

---

[1] 第四章的"公民科学及其结果：文献综述"部分详细评估了科学和社会学研究人员对公民科学这些方面的评价。

第二章 重塑风险：公民科学和以公民为中心的辐射风险表征的发展

在 1992 年出版的《风险社会》(*Risk Society*)一书中,乌尔里希·贝克(Ulrich Beck)认为,由于科学进步和技术化体制,20 世纪西方国家的主要社会问题是不断增加的风险。随着诸如深水地平线石油管道泄漏、福岛核反应堆熔毁等事件引起了媒体的关注,并引发了关于现代科技工业社会的风险的公众辩论和讨论,这种观点几乎每天都被一再重申。科学技术领域的修辞学学者们很快就注意到了这个问题,开始研究风险日渐增强的重要性及其对争论和传播的影响。他们撰写了一系列风险主题的文章,包括核事故(Farrell and Goodnight 1998)、采矿安全(Sauer 2003)和生物武器(Keränen, "Viral Apocalypse" 2011)。他们还关注现代风险评估及审议问题。一些修辞学学者研究了科学驱动的风险政策阻碍民主进程的方式,因为其与生活世界的需求脱节[①](Katz and Miller 1996;Grabill and Simmons 1998;Simmons 2007)。其他学者则探讨了技术知识和社会知识之间的认识论权威不平等,并考虑了如何重获公众知识和推理的影响力

---

① "生活世界"这一术语是哈贝马斯用来描述人们无意识地、有机地、日常地与世界和他人交往中产生的知识。参见 Habermas 119-152。哈贝马斯提出与生活世界知识相对的是系统知识,指通过有意识地和训练有素地运用归纳证据和演绎推理而产生的知识。参见 Habermas 153-197。

(Fisher 1987；Fischer 2000；Kinsella 2004)。总的来说，这些努力包括：重新构想如何重建公众与公共机构之间的关系以支持公众参与，以及重申对风险界定和管理的民主控制。

尽管学者们对风险的文本和语言论述与论证给予了极大的关注，但却几乎没有考虑到视觉表征及其在刻画风险中的作用。[①] 本章探讨在三里岛、切尔诺贝利和福岛核电站事故中，印刷媒体和网络媒体对辐射风险可视化地图采用的表征方式，来填补这一研究空白。本章将特别解决如下问题：草根公民科学团体的公众风险表征是否与主流媒体的风险表征存在差异？如果存在的话，那么这些差异可能揭示出草根公民科学视角下风险传播的什么内容？由于主流媒体是这些核事故后视觉风险表征的唯一公开来源，并且由于在很多情况下，这些可视化表征是在专业资源的支持下创建的，因此它们对于思考制度和非制度的视觉风险表征的差异性提供了一个合适的对照点。为了评估印刷媒体表述辐射风险的策略，以及评价制度和草根公民科学关于风险表征的差别，本章将分析《纽约时报》和《华盛顿邮报》关于三里岛和切尔诺贝利事故的报道，分析这些前互联网时期对辐射地图的视觉/语言的文字表述的特征，并将这些可视化工作与《纽约时报》和公民科学组织 Safecast 所创建的福岛辐射风险在线地图进行对比，从而深入理解互联网以及方便使用互联网的草根公民科学组织是否改变了关于辐射的风险传播？是以何种方式实现的？以及这种转变可能会带来什么样的后果。

---

① 李·布拉瑟尔(Lee Brasseur)讨论的南丁格尔(Florence Nightingale)玫瑰图表明军队医院中恶劣卫生状况的风险的工作朝这个方向迈出了一步。参见 Brasseur。贝弗莉·绍尔(Beverly Sauer) 2003 年在《风险修辞学》(The Rhetoric of Risk)中也讨论了视觉媒体的作用，如采矿安全教育和讨论中的手势和 FATALGRAMS。然而，这类讨论仅限于个人的专业风险传播，而不是公共的风险表征。参见 Sauer 166-175；232-244。

方法

对核事故风险的视觉表征进行描述和比较，需要视觉评估的分析类别和方法，从而能够说明相似之处与变化之处。为了保持可对比性并控制易于管理的样本量，本次调查的文字可视化的语料库限定在《纽约时报》和《华盛顿邮报》。在线语料库限于 NYTimes. com 网站和 Safecast. org 网站。这些语料库提供了主流印刷媒体和网络媒体关于三起核事故的视觉表征的重要片段。在开展这项研究时，调查检索了语料库的印刷出版物中每个事故发生后一个月内关于风险的视觉化资料。一旦确定语料，样本中的所有视觉化图像都以标准格式进行评估，并记录下基本的背景信息，包括日期、来源、作者以及在出版物中的位置。接下来，对视觉资料进行详细的定性评价，评价包含以下四类：视觉资料的呈现格式、所提供的关于辐射风险的信息、与本条资料相关的新闻报道（或多个新闻报道）的视觉资料和文本之间的关系，以及其发生的背景。在对 NYTimes. com 和 Safecast. org 的在线风险可视化资料的评估中，除了文本和故事之间的关系分析外，还运用了上述分析策略。NYTimes. com 网站上的地图并不仅仅附在一条新闻后面，而是作为资源链接到多条新闻报道，这就使确定报道和互动视觉资料之间的特定关联变得困难。Safecast. org 不是一个新闻网站，因此没有报道文本可供分析。但是，本研究查询了该网站 2011 年 3 月至 2012 年 3 月期间发布的地图和博客。

在评估所有资料来源的视觉呈现格式时，确定并列出了表示风险的策略范围。这些功能包括地图和地图插图、人口密集中心的可视化、辐射及其强度的可视化，以及文字和数字的可视化。一旦确定了可视化格式，就会对其所传达的风险信息的类型进行评估。进行评估的基础是一系列媒体专家认为在风险报告方面至关重要的因素：是什么风险？风险的级别有多大？风险的位置和地理范围是什么？谁会受到风险的影响？对受到影响的人产生什么后果？谁/什么对风险负责？（Ropeik 2011；Kitzinger 2009）。在风险的视觉表征是作为对新闻故事或博客的补充的情况下，还研究了视觉风险表征和文本内容之间的关系。文本与视觉，以及两者对话语和论点的认识论和修辞学的贡献之间的关系，一直是许多修辞学和传播学学者研究的主题（Kress and Van Leeuwen 2006；Hagan 2007；Gross 2009）。本研究特别关注新闻报道的文本、与其相关的视觉表征或者两者共同在多大程度上提供了有关风险的基本问题。随后，得出关于视觉和文本元素在风险传播中各自的作用或二者共同的作用。最后，评估还考虑到风险可视化发生的语境。正如伯德塞尔（David Birdsell）和格罗克（Leo Groarke）（2007 年）所认为的，视觉表征需要以适合其所处环境的方式来进行解释（104 页）。由于影响核事故风险可视化的背景因素众多，并且并不全部相关联，本研究特别侧重于评估现有的视觉惯常风格对风险表征选择的影响、风险可视化资料出现的直接历史政治背景以及可能影响它们的技术物质因素。

靶心图和云视图：互联网出现前的辐射风险可视化

在互联网出现之前，有关核事故辐射风险的公开报道，即使不是独家报道，也主要由大众媒体、政府和科学界的机构传播者所主导。这种主导状况是创造辐射风险表征面对的挑战所造成的，因为这要求其开发人员具备测量、可视化和传播辐射风险信息的能力。在三里岛和切尔诺贝利核事故中，只有政府、行业和国际组织，如国际原子能机构（IAEA），才有能力测量和跟踪辐射的扩散。此外，只有主流媒体与政府和行业合作，才能创造出广泛宣传的关于事故的风险视觉描述。由于前两起重大核事故的风险视觉图像是由以上机构参与者垄断的，因此这一时期辐射风险的可视化表征是识别和理解制度化的风险表征惯例的理想资源。为了阐明这些惯例，接下来的部分将探讨《纽约时报》和《华盛顿邮报》关于三里岛和切尔诺贝利核事故报道中的辐射风险图。通过描述视觉惯例、探索其背景、评估其作为传播和论辩策略的应用，这些部分为本章第二部分关于主流媒体和草根公民科学风险可视化的比较提供了检验标准。

三里岛与靶心图

1979 年 3 月 28 日，星期三，凌晨 4 点，三里岛核电站 2 号反应堆的主冷却泵关闭，卸压阀由于故障未能自动回座。核电站的工程师此时关闭了反应堆；然而，由于铀棒在没有冷却的情况下继续裂变，反应堆堆芯积聚的压力持续增大。反应堆堆芯的蒸汽被释放出来以保持压力，但一个阀门卡住，导致冷却水从反应堆里流出来。随后带来一系列连锁反应，包括反应堆堆芯一大半熔化，反应堆中形成一个氢气泡，放射性水、蒸汽和微粒释放到核电站周围区域。随着危机的加剧，新闻媒体纷纷涌向宾夕法尼亚州东南部，争相对这一事件进行报道。三里岛核事故代表辐射风险传播的分水岭，因为这是主流媒体的作者与视觉资料设计师第一次在黄金时段负责呈现辐射风险。尽管 20 世纪 60 年代还有过另外两起核事故的报道，①但并没有像三里岛核事故那样引起媒体的关注，或产生风险的视觉效果（Gamson

---

① 1961 年，爱达荷州政府的实验核反应堆 SL‑1 发生事故，导致 3 人死亡。同年 1 月，《时代》杂志和《纽约时报》刊登了相关报道。参见 Finney 和 "Runaway Reactor"。第二次核事故发生在 1966 年 10 月，底特律郊外的费米核反应堆堆芯部分熔毁，事故发生一个月后，《纽约时报》进行了报道。参见 Gamson and Modiglioni 14。

and Modiglioni 14）。由于这些独特性，三里岛核事故的媒体报道中的文本或视觉风险表征提供了一个起点，可以由此来评价主流媒体在核事故辐射风险可视化表征中遵循的惯例。

虽然对三里岛核事故的可视化描述是首次开展此类的工作，但值得注意的是，这次事故并没有立即或直接催生出表征辐射风险的新惯例。在最初两天的报道中，可以找到没有立即创造出惯例式表征的证明。在这两天里，《纽约时报》和《华盛顿邮报》都刊登了事故发生后处于风险中的区域地图。然而，只有《华盛顿邮报》在地图上用一个带阴影的正方形来将辐射视觉化，用来标记明确受辐射影响的区域（Furno）。直到 3 月 31 日，《华盛顿邮报》和《纽约时报》同时引入了带有靶心重叠的地图——一组从中心点向外辐射的同心圆，至此，一种表示事故辐射风险的标准得以采纳。3 月 31 日之后，这种视觉表征方式出现在样本中的每一张辐射地图上。

修辞学学者认为，视觉策略很少在没有先例的情况下出现。相反，某一领域现有的表征惯例通常被借用或调整以创建新的视觉机制（Kostelnick and Hasset 7）。在上面的例子中，靶心图作为描述核事故的标准被采用，似乎受到了早期民防疏散和风险评估地图的影响，这些地图用靶心图来表示假设的原子弹袭击及其造成的风险区域。早在 1952 年，这种可视化形式就出现在《大波士顿民防手册》（*Greater Boston Civil Defense Manual*）中，且直至 20 世纪 60 年代，一直是地方[1]和国家[2]发给公众的民防宣传手册中的一部分。尽管到了 20 世纪 70 年代，防止核攻击的民防不再是政府[3]的首要事务，这

---

[1] 参见 *Escape from H-Bomb*。
[2] 参见 US Department of Defense *Fallout Protection* 13。
[3] 参见 Krugler 184。

些资料的发行量也逐渐减少，但靶心图在公共教育中的使用已超过十年之久，很可能使靶心重叠图成为辐射风险的常见视觉表征方式。

此外，在 20 世纪五六十年代的主流报道中，靶心图还被用来描述潜在的核攻击威胁。例如，随着 1954 年比基尼环礁核试验中氢弹所造成的破坏面积的预估结果的公开，公众对核战争后果的担忧达到了狂热的程度。这些试验表明，氢弹的威力比预计的要大，放射性沉降物的扩散也比预计的要大。1955 年核试验后的头几个月里，《纽约时报》的头版新闻都是诸如"美国氢弹试验导致 7 000 平方英里的致命区：面积接近新泽西大小的区域被原子尘覆盖……平民危险加剧"和"城市疏散计划：三位州长和市长权衡应对氢弹袭击的计划"这样的报道（Blair；Porter，"City Evacuation"）。与此同时，美联社（1955 年）绘制了一幅名为"辐射影响"的地图，地图上用靶心图描绘了"如果氢弹击中辛辛那提，可能造成的死亡范围"。在视觉效果上，三个由同心圆构成的靶心图标示出核攻击后放射性沉降物的三个辐射危险区。在方圆 140 英里内，所有在氢弹爆炸下风处的人都可能受到致命剂量的辐射。在 160 英里至 190 英里之间的环形辐射带中，暴露于辐射中的每 100 人中有 5 人至 10 人可能会死亡。因为靶心图在民防资料和主流媒体报道中的广泛性及其与辐射风险的联系，它被用来表示三里岛核事故的辐射风险也就不足为奇了。

虽然靶心图特别适合描述设想的与核攻击相关的风险，但选择这种方法来表示真正的辐射灾难还是会带来一些后果。例如，在民防资料中，靶心图之所以有用，是因为它可以同时表示风险状况的多个不同维度，包括实际风险、受风险影响的区域和/或必须进行风险干预的区域。在专门教育公众了解核攻击的风险、告知他们谁将受到影响以及在遇到核攻击时他们应该做什么的民防手册中，这种对多种风险进行表征的功能非常有用。然而，在真正的紧急情况下，简单直接的通信至关重要，这种多方式读取的功能可能是有害的。

对 3 月 31 日《纽约时报》和《华盛顿邮报》上首次出现的靶心重叠地图的评估，说明了视觉解读的多重关联意义问题（Cook, "Area Surrounding"；Lyons）。在《华盛顿邮报》和《纽约时报》上，带有靶心图的地图与讨论核电站辐射水平的文字以及时任宾夕法尼亚州州长索恩伯勒（Richard Thornburgh）的疏散计划的文字并列在一起。例如，《纽约时报》的第一幅放射性沉降物地图紧挨着聚焦于辐射释放程度的大标题"美国助手们看到了宾夕法尼亚核电站熔毁的风险；更多的放射性气体被释放"。然而，标题则描述了索恩伯勒州长关于疏散的建议（见图 1）。

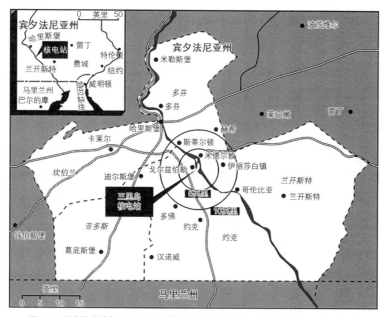

图 1　三里岛核事故靶心图（复制自《纽约时报》中的地图；参见 *Bull's Eye Overlay*。）

　　将地图与描述这两个不同主题的文字并列放在一起，带来了地图是在说明哪一个主题的问题：是放射性沉降物的区域？还是放射性沉降物引发可预见威胁之前的疏散区域？在《纽约时报》和《华盛顿邮报》的地图上，都没有标示出靶心图覆盖的区域是疏散区还是受核电站辐射影响的区域，这进一步助长了这种模糊性。《华盛顿邮报》的地图标题笼统地写着"三里岛核电站周边地区"，而《纽约时报》的地图则完全没有标题。虽然没有直接的读者反馈证据表明，对地图的多种可能性解释造成了混乱或恐慌，但卡特政府的《凯梅尼报告》（*Kemeny Report*）指出这可能会造成这种结果。《凯梅尼报告》调查了媒体在事故中所起的作用，报告作者评论道："有些报纸……确实让人对这次事故产生了比较恐惧和误解的印象。这一印象是通过标题、图表以及选择刊出的资料造成的"（The President's Commission 58）。

　　除了因其表征多重含义而模棱两可之外，靶心图也是一种策略，提供一种对风险概括性的而非具体化的描述。同心圆是可视化的标志，它代表的是可能的风险区域，而不是实际风险位置和强度的具体细节。在民防手册所描述的设想的核攻击场景中，由于实际并没有发生，所以这种表达策略是必要的。事实上，对于需要为一系列灾难场景进行规划的公民和地方政府而言，设想最大范围的潜在风险是有用的。虽然在民防手册中，圆点重叠的同心圆具有良好的概括性，但在面对特定地点的真实风险时，它可能会给人一种错误的风险或安全感。例如，《纽约时报》和《华盛顿邮报》的读者观看了他们的视觉效果图后，可能会认为所有生活在靶心图覆盖的某个圆环区域内的人都会受到同等数量的辐射。然而，现实情况中，核电站释放的放射性气体和粒子会沿着风向扩散，在一个区域内不对称地分布放射性风险（ApSimon and Wilson 43）。此外，同心圆的设计促使读者们形成如下假设，即生活在不同圆环中的人受到的辐射量，在一定程度上与离靶心更远或更近的圆环中的人存在差异。但是现实中，照射量率向来都不是固定的。在靠近事故地点的区域，照射量率往往极高，随着距离的增加而下降（Von Hippel and Cochran 18）。如果在视觉效果图中包含辐射测量的信息，就可以很容易消除这种误解；然而《华盛顿邮报》和《纽约时报》的地图中都没有包含这些。事实上，只有一家主流媒体——《新闻周刊》在其对三里岛事故的可视化报道中提供了辐射定量值（Matthews et al. ）。

　　靶心图的明显传播缺陷引发了如下疑问：为什么主流媒体会采用这种策略来表达风险？或者至少没有尝试用数字数据和文本信息来对此进行补充？其实，在三里岛核事故发生之前，就有更准确的方法来表示辐射风险。例如，早在 1957 年，原子能委员会就开始使用基本等值线图，也就是标有相应数据的套嵌线，来描述假设的核电站事故中放射性核素（同位素）释放的方向和浓度。例如，图 2 表示在白天条件下，在 5 米/秒的风速影响下，地面云层中放射性物质的假设扩散情况（AEC 61）。

　　在这种类似圆心重叠的图像中，同心的圆环被弯曲拉伸成同心的椭圆形。尽管从几何角度来看，这种等值线与靶心图很相似，但它们之间的细微差异对其所传达的信息有重要的影响。等值线的压缩和拉伸使其能够更精确地表示核电站释放的放射性云的一般物理形状，而靶心图中完美的圆环则与辐射传播方向视觉上相矛盾。此外，等值线图并不是严格地仅限于内部政府出版物，这意味着它们在辐射风险的广泛公开讨论中是常见的表达形式。例如，许多流行的民防教育材料，如电影《辐射防护》（*Radiological Defense*，1961），以及国防部关于核攻击的《辐射尘降物防护手册》（*Fallout*

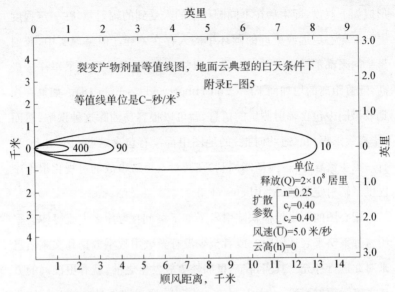

图 2　假设的核事故辐射尘降物的等值线图（参见 Atomic Energy Commission 61。）

Protection，1961），都曾使用等值线来描述辐射沉降物的复杂形状。

　　更为复杂的辐射可视化方式的存在以及它们在辐射沉降物的流行表征中的呈现方法，加深了为什么媒体不依赖这些视觉化来描述三里岛核事故的谜团。报纸中缺失此类表述，原因可能更多的在于事故发生后无法立即取得直接数据，而不是因为媒体的疏忽。事故发生后，对核监管委员会（Nuclear Regulatory Commission）以及运营商大都会爱迪生公司（Metropolitan Edison）的一个批评就是，他们未能收集到核电站附近辐射水平的足够数据，也没有对公众公布这些辐射水平的信息。第一批靶心重叠地图发布后次日的新闻报道证明了数据的稀缺。4 月 1 日，《华盛顿邮报》的沃尔特・平克斯（Walter Pincus）报道称：

核监管委员会昨天开始在农村部署监测和记录累积辐射的设备。

直到昨天，核电站外的监测主要是抽检，以确定特定时间和地点的辐射水平。

在累积剂量未知的情况下，无法确定核电站附近人群的暴露水平。（Pincus A1）

如果无法通过分布式传感器网络对辐射水平进行准确综合的测量，那么对媒体而言，计算核电站释放出的辐射量就超出其能力，并且很难（尽管并非不可能）估计出辐射的方向。因此，靶心图的概括化功能很可能是描述核电站辐射风险最合适的方式。

对三里岛核事故中现有的视觉表达惯例以及辐射风险表征的发生背景的研究说明，虽然主流媒体的风险表征不够完整和准确，但他们在使用靶心图时似乎做出了合理的决定。虽然他们可能在解决视觉表征策略带来的模糊性上还有努力的空间，但在信息匮乏的情况下，靶心图关于风险传播的熟悉度和表现能力使其成为一种合适并有效的视觉策略。然而，正如我们将会看到的，主流媒体不顾靶心图的缺点，继续使用这种视觉表达方式，将会招致来自公民科学组织Safecast 的批评。

切尔诺贝利和云视图

在三里岛核事故的主流媒体报道中，靶心图是风险表征的主要惯例，但是在切尔诺贝利事故的报道中，则包含更为多样化的视觉表征方式。虽然靶心图在风险可视化中仍然起着核心作用，但它与云视图结合在一起，后者为辐射的移动及其位置提供了更详细的信息。风险可视化表达的这种变化在解决了靶心图在信息提供方面存在缺陷的同时，还具有重要的意义，因为它为主流媒体提供了一种工具来回应事故所带来的重大修辞机会：强化美国对苏联认识的机会。为了理解云视图作为一种意识形态工具的使用和启示，本节考察了此次事故中产生的关于苏联的媒体叙事，以及用来支持和推进这些叙事的云视图方式。

切尔诺贝利事故发生在 1986 年 4 月 26 日，莫斯科标准时间（MST）凌晨 1 点 23 分，当时正是核电站电力后备系统测试期间。此次测试在非理想状态下进行，导致放射性物质和热量激增，引起了反应堆堆芯爆炸。随后的爆炸和放射性物质在失控状态下产生了极热核裂变，点燃了暴露在外的石墨慢化剂，放射性黑烟从核电站滚滚而出。核电站附近的普里皮亚镇的居民第二天就被疏散一空，但是直到 4 月 28 日晚，苏联主流媒体才有针对此次事件的报道（Luke）。美国媒体最早的报道出现在事故发生三天后，也就是 4 月 29 日，出现了辐射风险的第一个可视化图像（Gwertzman A1）。

事故期间，一些传播学学者撰文指出，西方媒体尤其是美国媒体，试图把这场灾难描述成一个关于美苏文化的道德故事（Dorman and Hirsch 56）。主导美国媒体的道德叙事之一，就是这起事故揭示了美国及其他西方欧洲国家所谓的关于苏联的成见，即苏联是一个神秘而不可靠的国家，其领导人为了推进他们的社会政治议程，愿意牺牲自己的人民，把人民置于危险之中。直到事故发生两天后苏联才向西方社会公布这起事故的消息，这一事实支持了这种保密和冷漠的设定。这种设定被进一步强化，情况是由于直到瑞典福斯马克的一名核设备工作人员检测出高水平辐射，并追踪其到乌克兰之后，苏联才公布事故信息。这促使瑞典政府官员与莫斯科联系，并要求其提供有关此次事故的信息。在此请求之后，莫斯科广播电台才在 4

月 28 日晚公布了这起事故。随后的几天里，苏联媒体的报道简洁且戒备。直到事故发生大约一周后，苏联媒体才开始公开地报道了有关核反应堆熔毁的细节（Amerisov 38）。

对苏联保密的批评立即出现在美国主流媒体对此次事故的报道中，也就是本书所选取的样本《纽约时报》和《华盛顿邮报》。在最初几天里，关于保密的新闻报道侧重于事实。例如，在第一天，即 4 月 29 日，《纽约时报》和《华盛顿邮报》的报道都引用了瑞典能源部部长比吉塔·达尔（Birgitta Dahl）的声明，强调苏联隐瞒了事故的信息。例如，据《华盛顿邮报》报道，达尔称"瑞典当局和其他国家没有接到任何通知，这'令人难以接受'"（Bohlen A1）。同样的，《纽约时报》报道，达尔认为"无论谁应该对放射性物质扩散负责，都没有遵守要求就事故发出警告和交流信息的国际协议"（Schmemann, "Soviet Announces" A1）。

在接下来的几天里，西方媒体反复强调苏联对这起事故守口如瓶的事实；然而，报道也开始深入探究苏联掩盖真相的原因和后果。例如，《纽约时报》上刊载的《苏联的秘密》一文认为，苏联政府不公布信息的决定，是出于维持一种可操控形象的需要，并保护自己免受敌对的西方媒体的攻击："对外界来说，苏联为限制相关信息作出异乎寻常的努力，几乎与导致放射性碎片散落数百英里的核事故一样令人震惊。这是一次条件反射式的保密，似乎再次表明克里姆林宫不愿在其人民和敌对世界面前承认任何失败"（Schmemann, "Soviet Secrecy" A1）。《纽约时报》关注的是苏联隐瞒事故的原因，而《华盛顿邮报》则对事件后果进行了报道。报道特别分析了这次事故对苏联的公开透明和开放新政的影响，以及苏联就这次事故保密对其与西欧邻国关系的影响："对苏联新任领导人米哈伊尔·戈尔巴乔夫（Mikhail Gorbachev）来说，虽然他一直试图传递给欧洲人实用主义和开放政策的深刻印象，切尔诺贝利核电站的环境灾难正迅速转变为一场公关危机……苏联官方信息的匮乏，即苏联大众媒体受到严格控制，凸显出苏联与西方多元社会之间的关键性差异"（Dobbs A1）。在西方媒体看来，掩盖真相给苏联民族精神带来了毁灭性的后果。戈尔巴乔夫试图向欧洲和苏联公民隐瞒这一事故，这一选择使他陷入了两难境地：一方面声称支持开放政策，另一方面却对事故保持沉默。这种矛盾表明，苏联新的进步形象只是一个门面，而这次事故是戈尔巴乔夫政权真正的极权主义面目暴露出来的关键时刻。

《纽约时报》和《华盛顿邮报》后续在专栏中对苏联保密原因和掩盖真相带来的后果进行报道，就事件性质和政策问题进行了更进一步的意识形态争论。在这些专栏报道中，苏联的保密行为被用作关于东西方价值观差异的定性争论的基础，其中一点是，美国关心欧洲人的福祉，而苏联则对欧洲人的利益漠不关心。这些定性论点被用来挑战促进苏联和西欧国家之间日益密切的合作政策。例如，5月4日发表的《纽约时报》的专栏报道《沉降物余波的余波》一文中，威廉·萨菲尔（William Safire）认为，那些考虑过与苏联建立更紧密或更中立关系的欧洲国家，应该根据这次事故所暴露的苏联的真正价值观而对此重新考虑："世界上的无辜者想知道，为什么苏联政府没有立即站出来说出真相，警告邻国放射性辐射已经开始了……切尔诺贝利事故给欧洲西方联盟带来了什么教训？那就是：请记住谁是你的朋友；记住哪个超级大国在捍卫你的价值观，又是谁将人类生命置于国家权力之下"（Safire A19）。同一天，保守派专栏作家乔治·威尔（George Will）在《华盛顿邮报》上发表了一篇类似的文章，批评苏联对其欧洲邻国漠不关心。在他的专栏文章《一贯的谎言》中，他写道："如果放射性物质没有被风吹到瑞典……和其他国家上空，这次事故可能仍然是奥威尔式①的无足轻重的事件。这阵风为西方带来了好处，赤裸裸地提醒西方国家苏联统治政权的本质……首先苏联政权不向邻国通报使其受到危害；随后它开始不情愿地公布片面的不完整事实……切尔诺贝利的大火照出了苏联文化的本质。纵观其黑暗的历史，苏联政权一直愿意，甚至渴望以人类生命换取强制经济发展"（Will C8）。

　　《纽约时报》和《华盛顿邮报》的新闻报道和专栏文章说明，关于苏联的保密和冷漠的叙事再次出现，而且这些文章的主题是涉及价值观和政策的意识形态与修辞学的论述，目的是颂扬美国的品德并说服欧洲国家加强与美国的联盟，而不是与苏联发展更紧密的关系。

　　对切尔诺贝利事故媒体报道中视觉风险表征的调查表明，出现了一种辐射风险的可视化新策略——辐射云视图，可以支持这些主题。辐射云视图可视化的方法是在地图上标出阴影箭头或点状图，表示切尔诺贝利辐射尘风向在欧洲上空漂移的假设路径。在 4 月 30 日至 5 月 16 日的报道中，包含这种可视化方式的地图出现了 5 次②。在《纽约时报》刊登的报道《放射尘随风到达南欧》中，附带的地图证明了放射性尘降物云视图在表征风险方面的用途。在这张地图上，云视图被用来沟通（连接）切尔诺贝利事故的放射性尘降物分布以及受其影响的国家。点状图或黑点显示，5 月 1 日切尔诺贝利事故的沉降云层覆盖区域向西延伸了数百英里，从受损的反应堆一直延伸到法国东部边境。与靶心图不同，云视图通过一个辐射从东向西扩散的椭圆形环传达了受辐射影响区域的轮廓。云中的点浓度代表

① 指政治制度的集权。——译者注
② 云图出现在《纽约时报》4 月 30 日（A11）、5 月 2 日（A8）以及 5 月 16 日（A6）。也在《华盛顿日报》5 月 1 日（A34）和 5 月 3 日（A1）中出现。

沉降物的浓度，表明西欧的放射性微粒浓度明显低于东欧。

辐射云视图为《纽约时报》读者提供了更多的关于放射性沉降物位置和动态的信息。然而，就像大多数靶心图一样，沉降云所覆盖区域的辐射强度信息有明显缺失。在紧挨该图的文章《放射尘随风到达南欧》中，可以找到相关的信息，文中还提供了一些关于辐射水平的说明。文章的内容让人安心，例如，欧洲大部分地区的辐射水平极低："在西欧，组成云团的放射性物质浓度很低，已接近探测极限"（Browne A8）。

文中还提供了辐射水平的具体数值说明："本星期初，大气辐射强度达到每小时 2 毫雷姆，然后才消退。相比之下，一名乘坐飞机自洛杉矶到纽约的乘客受到的辐射剂量为 2.5 毫雷姆"（A8）。

与《纽约时报》一样，《华盛顿邮报》也使用云视图描述切尔诺贝利事故的放射性，更精确地定位放射性沉降物，接近于其浓度，并对其风险进行评价。例如，5 月 1 日，一幅描绘切尔诺贝利核泄漏的地图紧挨着题为《据苏联人说清理正在进行》的报道同时刊登（Drew A34）。与《纽约时报》上的辐射地图不同，《华盛顿邮报》上面刊登的地图使用箭头来标识辐射路径。这些箭头增加了关于放射尘的方向性信息，但关于沉降云的推测形状的细节信息则较少。地图上标出：苏联上空的盛行风已向西南方向移动，将放射性物质吹向欧洲北纬 50°以下的大部分地区。距离事故发生地较远的地区，如法国，预计接收到较低的辐射量。为了弥补箭头在定义危险地理区域时所缺乏的精确性，地图上用粗体标出了受影响最为严重的国家。与《纽约时报》上的辐射云视图相同，箭头用阴影来表示随沉降云从事故现场扩散后，空气中放射性粒子浓度的下降。与《纽约时报》一样，地图上也没有标出量化的辐射测量数据，但在报道文本中讨论了有关风险的一些细节。例如，在地图旁边的报道《据苏联人说清理正在进行》中解释："今天，欧洲上空的风向转变开始带来放射性污染云，这之前已经影响到更南部的斯堪的纳维亚半岛，西德、奥地利、瑞士和意大利报告的辐射水平异常高，但不被认为是有害的"(Lee A1)。

　　从传播的角度来看，辐射云视图作为一种清晰的视觉策略，同时出现在《纽约时报》和《华盛顿邮报》上似乎是可以解释的，因为它在描述辐射风险的确切位置方面具有优势。除核电站附近区域，其他地区受到辐射的风险微乎其微，然而，重要的是要问，如果放射性沉降物的风险后果不是那么严重，为什么要大费周章来详细描述放射性沉降物及其路径呢？这正是《纽约时报》和《华盛顿邮报》的编辑们的假设，也就是假设不管风险多么轻微和无关紧要，读者们都想确切地知道风险在哪里。有趣的是，这样的假设并没有影响他们对三里岛核事故的报道，即使该事故发生在当地，而且他们还知道可以用天气预报来预测放射性物质从核电站的扩散。[1] 还有一种可能，就是《纽约时报》和《华盛顿邮报》的编辑们打算为他们的欧洲国际读者服务。然而，人们不禁怀疑，如果没有更详细的辐射水平说明的情况下，将风险降至最低的可视化是否可以教育或安抚这些读者。最后，编辑们或许试图通过介绍一种表现辐射风险的新策略，来吸引读者的注意力。然而，一篇对政府和媒体来源的文献综述表明，云视图并不是一种新的风险表现形式。例如，它曾出现在电影《辐射防护》和国防部的《放射尘降物防护手册》中[2]。它甚至还出现在《哈泼斯杂

---

[1]《纽约时报》在1979年4月2日发表了一篇文章《虽然受风向影响，纽约和新泽西报告没有过多的放射性物质》。参见 McFadden。

[2] 参见 US Department of Defense，*Fallout Protection* 5,14。

志》（*Harper's*）对三里岛核事故的报道中①。

从传播的角度来看，似乎并没有令人信服的理由可以来解释这种新的风险报道策略的兴起。然而，如果我们从修辞学的角度来考虑这个选择，那么增加云视图使用的好处则显而易见。当然，最紧迫的当属地缘政治。本章开头对《纽约时报》和《华盛顿邮报》文字报道的分析说明，这些报纸已经形成了关于苏联保密和冷漠的意识形态叙述。随后的分析表明，辐射云视图在强化这些叙述方面发挥了重要作用。这种作用既体现在讨论苏联保密及冷漠时文字报道与云视图的并置与协调上，也体现在两家媒体所创造出的物理云和其特质的类比上。

文本和视觉资料共同在新闻报道中构建框架的能力在大众传播文献中已经有所讨论。② 这种框架建构的方式之一是将新闻故事文本与视觉资料在页面上进行并置与协调。例如，在《纽约时报》附有点状云视图的文章中，在结尾表达了西欧国家对苏联的封锁消息和技术无能带来的风险的愤怒。文中最后一行引用了"一位科学家"的话："没有警告西方社会警惕即将到来的辐射，是绝对不可原谅的。建造这样一座没有放射性沉降物防护结构的核电站已经是糟糕透顶了"（Browne A8）。该报道还提到了南斯拉夫、希腊、罗马尼亚、法国、西德、瑞士和奥地利等面临风险的国家（Browne A8）。仅这些文本信息就已然构成了苏联封锁消息和冷漠的论据，并提供了其受害者示例。然而，文本并不能很好地为读者把抽象的辐射风险具体化。因此，云视图通过将不可见的辐射云变得可见，并通过可视化加强风险

---

① 参见 Suter 16。
② 参见 Entman 52；Fahmy 147 - 49；和 Perlmutter。

的范围和位置，从而促进关于风险的讨论。

除了使风险的描述变得明确之外，云视图还有助于对风险严重性的强调。新闻报道的文本非常清楚地说明了风险的低水平，故事的附图也使用点画来传达这一点。然而，页面上遍布的黑点构成的不祥乌云提醒着读者，风险是存在的。这种可视化图像中的风险表征，似乎与文章中所呈现的更复杂的辐射风险分级相悖。根据图像显示，无论辐射风险多么微乎其微，西欧国家依旧"在乌云笼罩之下"。以这种方式考虑风险具有重要的修辞意义。如果西方媒体想要利用对封锁消息和冷漠的新闻叙述在西欧国家中制造一种对苏联的愤怒情绪，那么事故的风险必须是切实并且严重的。辐射云视图通过视觉重复加强文本论点和保持风险的强度来支持这些叙述，这是支持苏联封锁消息的不道德及其冷漠的严重性的开创性保证。这很可能无法通过靶心图来实现，因为靶心图的概括性既不适合具体化风险，也不适合定位风险的特定位置。因此，将辐射云视图与论述苏联封锁消息及漠视的文本并置，且这些可视化图像还可能有加强和支持这些叙述的作用，这就说明可以战略性地使用云视图来满足事故造成的修辞紧迫性。

《华盛顿邮报》和《纽约时报》对云视图的使用，可以归因于它们在加强和证明风险存在的论点方面的实用价值，以及它们与苏联的封锁消息和冷漠的叙述有关。例如，辐射云视图在新闻报道中作为苏联保密及其启示的象征出现。在第一张辐射云视图见报的前一天，也就是 4 月 30 日，《纽约时报》发表了题为《切尔诺贝利的另一片云》的文章，这是第一次也是最明显的一次相似关联。这篇专题报道的标题暗示，放射性的物理云和概念上的恐惧云、封锁消息云之间的类比联系。这篇文章认为，苏联有责任把这次事故的真相和盘托出，这才是对其西方邻国的善意行为。这位匿名作者写道："苏联三天来对这场灾难保持沉默，这并不能赢得其邻国的信任。为了驱散蔓延到境外的恐惧乌云，苏联需要迅速将所知道的一切公之于众"（"Chernobyl's Other" A30）。在这些话语中，对事故放射性沉降物的恐惧被映射到放射云的扩散上。随着后者在欧洲的物理扩散，前者也在公众心理上扩散。

　　除了将物理风险和对放射云的心理恐惧联系起来，放射云还被类推地用来代表苏联封锁消息的态度。在这篇文章的结尾，作者总结道："苏联应该以同样的态度，尽快驱散仍然笼罩在切尔诺贝利上空的信息乌云"（A30）。与上一个类比不同，这个类比在物理现象和心理现象之间建立了对应关系，这第二个类比在信息不透明和理解之间建立了一种常见的相互关联：越不透明的事物越不容易被理解，反之亦然。这种用云进行类比，来表示事故信息封锁的方法，与云视图在报道中所起的作用似乎有一种有趣而又有些相悖的关系。虽然在文本/类比意义上的云是苏联封锁消息的象征，但探测并以视觉图像呈现云的能力则恰恰代表相反的一面：相信寻求真理的信念和揭示真理的能力。《华盛顿邮报》的专栏文章《切尔诺贝利：半隐藏的灾难》中暗示了这一矛盾，在该报道中，匿名作者写道："结合周边国家空气中的放射性物质读数，这些危害信号比苏联守口如瓶毫无帮助的声明更能准确地反映事故的情况"（A22）。同样，其他作者也赞扬瑞典人的技术警惕性，帮助揭露了事故："苏联没有及时向位于其下风向的邻国发出灾难警报。取而代之的是，他们什么也不说，直到800英里外的瑞典人开始收集到证据"（"Meltdown" A24）。正如这篇文章所言，云似乎已经被赋予了两层附加的含义：一方面是对苏联的封锁消息态度的类比，另一方面是西方（欧洲和美国）努力揭开事故真相的表征。物理云和封锁消息或清晰度之间存在的这种类比配对表明，新闻内容的创作者，甚至是阅读新闻的公众，已经在物理辐射云和这些抽象概念之间建立了概念上的联系。这种联系的存在可能会鼓励新闻创作者采用云视图作为策略，来阐述他们关于苏联对事故的保密或西方对真相的发掘的修辞观点，或者至少使他们确信这种联系会引起读者的共鸣。

　　媒体在报道切尔诺贝利事故时鼓励人们将"云"和"秘密"联系起来的类比，同样云也被用来与苏联人的冷漠建立概念上的联系。在这些类比中，云不仅象征着苏联对其邻国安全的漠不关心，也象征着这种漠不关心的政治后果。例如，以《纽约时报》的专栏文章《莫斯科的核犬儒主义》，就曾使用云来说明苏联的冷漠。在这篇文章中，作者弗洛拉·刘易斯(Flora Lewis)援引了一份德国南部的报纸中对云的使用："正是这种无视平民需求的军国主义冲动导致了在制定核标准方面的疏忽。'这和瑞典上空的放射性云团一样，都是我们的问题。'《南德意志报》评论道"(A27)。这里，将德国报纸中关于云的那句话与苏联"无视平民需求"的讨论并置，这说明，就像笼罩在瑞典上空的物理放射性云团一样，苏联领导人对其冒险行为给其他国家造成的影响漠不关心的态度，也如乌云般笼罩着其他西欧国家，威胁着沿途的每一个国家。在这种情况下，云似乎代表了冷漠本身的风险。

　　然而，在其他情况中，云被类比地用于表达这种冷漠的后果。例如，在《华盛顿邮报》发表的《对核自大的打击》一文中，作者斯蒂芬·罗森菲尔德(Stephen Rosenfeld)写道："(在切尔诺贝利事故中)有很多人死亡，放射性毒素飘过数百英里的居住地，跨越国界，带来了巨大的医疗上、经济上和政治上的后果，对莫斯科来说尤为严重"(A19)。在这段文字中，作者将西欧上空的放射性云团的移动与因苏联对风险管理漠不关心的态度在该区域造成的政治余波的扩散之间进行了类比。与封锁消息的类比表征一样，对漠不关心的表征将云的具体特性及其运动扩展到抽象的意识形态领域。由于这两种关联都出现在云视图成为新闻报道中视觉表达的主要特征之前及期间，因此似乎有理由认为，它们也许鼓励或支持利用云视图表征苏联的冷漠表现和保密态度。

对《纽约时报》和《华盛顿邮报》在报道切尔诺贝利事故时使用的文本和图像的详细分析表明，云视图的出现是对核事故的政治紧急情况的回应。对政治环境的评估、文本和视觉信息的并置以及类比联系的存在，说明辐射云与对封锁消息和冷漠的叙述之间存在联系和循环。在切尔诺贝利事故的新闻报道中，这种视觉/语言关系发挥了重要的修辞作用，它强调了风险的存在、风险的普遍地理范围以及其在西欧的严重程度。这些修辞手法的作用有助于支持有关美国道德优越性的意识形态主张，以及向欧洲国家宣传与苏联密切联盟所带来的后果。

互联网时代的风险表征：公民科学的兴起和草根风险可视化的出现

前几节介绍了数字时代以前主流媒体对核电站事故风险报道的主要手法和风格。这些探索表明，在前数字时代，靶心图和云视图是可视化领域的主流表现手法，其主导地位是由其创作者的沟通局限性、意识形态及实践的紧迫性共同决定的。福岛核事故的发生，开启了风险表征的一个重要新篇章。与以往的核事故不同，福岛核事故是发生在互联网时代的第一次核事故，也是第一次由公民主导倡议而创造和宣传视觉风险表征的事故。本节探讨互联网和公民科学的出现如何影响风险可视化的风格和内容。通过比较主流媒体和草根公民科学组织 Safecast 的风险表征形式，本节将深入了解可视化表现来源的变化如何影响风险传播的方式。在此过程中，将阐明草根公民科学风险可视化的特殊特征，并解释这些可视化方式与主流媒体使用的传统策略之间的差异。研究表明，主流媒体的风险表征倾向于概括风险及其分布，但草根风险表征则对辐射强度、类型和分布进行了精确且全面的描述。这些风险表征的差异，似乎源自主流媒体和以社区为中心的风险报道在沟通目标和受众上的差异。

福岛

日本标准时间 2011 年 3 月 11 日，星期五，下午 2 点 46 分，日本东部遭到里氏 9.0 级大地震袭击，地震摧毁了电力系统并对基础设施造成了严重破坏。在地震发生的那一刻，福岛第一核电站的三个在线反应堆[①]都进入了紧急关闭状态，核电站断电后，备用的柴油发电机仍能无缝对接地维持冷却泵的运转（IAEA）。然而，大约 45 分钟后，第一波海啸袭击了核设施，淹没了防护海堤，并使沿海的冷却交换设施失效。几分钟后，第二波更强的海啸袭来，造成核电站 13 台备用柴油发电机中的 12 台瘫痪（World Nuclear Association 1）。

没有了电力驱动，水泵不能将冷却水输送至反应堆，此时仅剩一条防线：反应堆的紧急核心冷却系统（ECCS）。ECCS 是一套相互关联的安全系统，当堆芯冷却主系统发生故障时，通过向堆芯注水以及控制反应堆容器内压力，来防止堆芯过热。系统在海啸后运行了近一个小时，随后瘫痪（World Nuclear Association 6）。在不到四个小时的时间里，一号反应堆的堆芯已完全熔毁，反应堆的压力容器也被

---

① 1—3 号反应堆在工作中。4—6 号反应堆因维修和换料停止工作。

毁坏。三天后,2011 年 3 月 14 日,在消防队员和核电站工作人员竭尽全力控制 2 号和 3 号反应堆温度的努力失败后,2 号和 3 号反应堆的堆芯也熔毁,损毁了其压力容器(Shimbun)。

在地震、海啸和核反应堆熔毁后的几天里,《纽约时报》和《华盛顿邮报》争相为读者报道这一系列灾难的最新细节。随着海啸造成的巨大破坏带来的最初冲击逐渐平息,福岛核泄漏事件引发了越来越多的关注,尤其是在 3 月 12 日 1 号反应堆爆炸之后。从 3 月 13 日到 3 月 20 日,《纽约时报》和《华盛顿邮报》对核事故进行了大量报道,其中含有辐射风险的可视化表征。总体而言,福岛核事故报道中辐射风险的可视化策略与两家报纸在切尔诺贝利事故中的策略相类似,以靶心图和云视图为主。①

虽然报道辐射风险的视觉手法风格基本保持不变,但由于事故的技术和信息环境不同,这些视觉表达策略的风格和内容也随之发生了变化。风险报道中最显著的技术变化可能是互联网的出现。互联网以“混搭”的表现形式对信息进行丰富的表现,影响了印刷新闻媒体中可视化风险的风格。网络混搭在概念上的特征表现为它们是信息的离散节点的集合,这些节点在主题上是一致的,但在网络空间中彼此分离。从概念上讲,这些节点通过用户在浏览时首先遇到的锚点、文本或可视化内容绑定在一起,提供了一个幕后节点的访问中心。通过点击嵌入在锚点中的链接,幕后节点就会覆盖在文本、可视内容上或单独的窗口中。这些特性通过允许在网络空间中剥离和隔离各层级信息,为信息密度问题提供了解决方案。与此同时,混搭中的链接将信息节点连接到锚点并相互连接,从而促进了连接性以及

---

① 共有 10 种靶心重叠和云视觉效果图。靶心重叠和云视觉效果图的比率是 7∶3。

访问的便利性。

福岛核事故发生后，在《纽约时报》2011 年 3 月 18 日的报道《数据显示辐射扩散：疯狂的维修还在继续》的附图中，可以看到网络混搭对辐射风险可视化印刷图像的影响（见图 3）（Cox，Ericson，and Tse A11）。图中可见，该图被分成了两个可视栏。左边是一幅巨大的日本地图，上面标注靶心重叠图像，右边则被两条水平线分成三个部分。

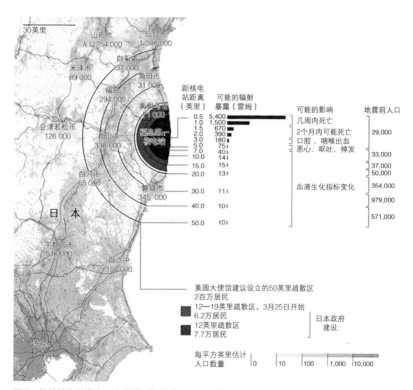

图 3　辐射媒体混搭地图（根据《纽约时报》上的一张地图复制；参见 Cox, Ericson, and Tse A11。）

在图形空间内的所有元素中，日本地图吸引了绝大多数读者的注意力。这幅图处在读者阅读时从左到右的视觉路径的起始处，其尺寸和位置表明，这个元素相当于网络混搭中的锚点。与三里岛和切尔诺贝利的辐射图一样，这种表征包括风险的来源、地理范围和受风险威胁的人口。然而，与以前的印刷媒体上的可视化不同，风险表征的可视化空间已经扩展到将额外的风险信息包含在内。这些额外的信息是用三分法来组织的，三分法是印刷媒体和网站设计中的典型方法，标题放在页面顶部，内容显示在中间，辅助信息放在页脚（Lynch and Horton 89）。此外，页面中心的内容通过显示单个信息节点并将其与视觉锚点关联，模拟了在线网络混搭的格式。每个不同的节点都包含关于风险情况的不同方面的信息，包括与风险事件的距离、辐射风险的大小、辐射可能造成的影响以及居住在风险影响地区的人口。尽管每个节点都互不相同，但它们相互连接，并通过各种视觉表达方式与锚点连接。

在大多数情况下，这些节点中表示的信息与之前印刷地图中所显示的信息相同。然而，信息的数量和种类有所增加，信息从视觉图像中独立出来，不再叠加在图像上。最令人感兴趣的是辐射测量值，在三里岛和切尔诺贝利核事故期间，《纽约时报》或《华盛顿邮报》的报道中从未出现过这一信息。在对福岛核事故的报道中，辐射测量值在《纽约时报》[①]的风险图像中分别出现过两次。这些测量值的出现与美国大使馆和日本政府就疏散区域大小的争议有关。为简洁起见，这里不讨论这些测量值的战略用途。相反，值得关注的是，与三里岛和切尔诺贝利核事故不同，福岛核事故发生后，日本各地辐射水平得到更加全面的测量，测量数据得到更广泛的使用。在上文提到的地图案例中（图 3），这些测量值是根据美国能源部国家核安全局

---

① 参见 Cox, Ericson, and Tse A11 and "Japan's Assessment" A12。

（US Department of Energy's National Nuclear Security Administration）的测量结果和报告得出的。在其他报道中，《纽约时报》使用了日本文部科学省（MEXT'S）网站 MEXT. go. jp 上的辐射水平（"Japan's Assessment"）。这条信息的可用性，以及在关于疏散区的辩论中使用它的政治紧迫性，说明了为什么它可能出现在这些可视化图像中，而此前报道中却从未出现。

对《纽约时报》风险表征样本的简短视觉评估表明，印刷媒体的风格和内容受到了在线格式的影响，尤其是在媒体混搭方面。新数字格式向传统印刷媒体的转变，似乎与博尔特（David Bolter）和格鲁辛（Richard Grusin）所描述的补救过程背道而驰（Bolter and Grusin 45）。这并非重回或再利用旧的媒体，而更类似于是一种逆向循环和逆向提升，传统媒体正在通过添加新媒体的风格元素进行"现代化"或更新。尽管现代化可能是更新再利用的原因之一，但其更实际的原因可能是新闻要同时满足以印刷版和网络版发行的需求。与大多数其他重要报纸一样，《纽约时报》同时发行印刷版和网络版。因为要以两种模式发行，所以从生产的角度来看，创建可以同时适用这两种模式的可视化方式，而不是创作两种不同的视觉表征方式，是有一定意义的。事实上，之前讨论的《纽约时报》的印刷版和网络版中的视觉表征几乎以相同的格式出现（Cox, Ericson, and Tse A11; Cox, Ericson, and Tse, "The Evacuation Zones"）。考虑到新闻制作的需求，这种风险的可视化表征似乎是一种混合样式，既模仿媒体混搭格式，但又适应了印刷页面的限制。

《纽约时报》和《华盛顿邮报》除了在印刷版中使用混合可视化效果外，还专门为其在线报道开发了静态信息图和交互式地图。在"日本核危机"标题下，《华盛顿邮报》官网发布了一系列静态信息图，其中部分图片也在印刷版的报道中使用，部分只在互联网上发布。有趣的是，尽管这些信息图涵盖了与辐射风险相关的很多主题，[①]但在《华盛顿邮报》的在线新闻中，却一次也没报道可视化事故辐射风险的位置或程度。这些类型的可视化图像只出现在《华盛顿邮报》印刷版的报道中，甚至也只是包含了辐射跨越太平洋后飘向美国的假设路线信息。[②] 相比之下，《纽约时报》的网站 NYTimes. com 同时提供了辐射风险的静态地图及交互地图。这幅交互地图是标题为"日本地震破坏地图"下一系列交互地图的一部分。通过在信息图的导航栏中选择"辐射水平"，用户可以调出事故半径 50 千米内的辐射区域地图。在这一范围内，日本政府制定的 20 千米的疏散区和 30 千米室内限制外出区用靶心图像标记（见图 4）。通过缩小地图，用户还可以看到，美国大使馆建议的半径 50 千米疏散区在地图上以红点圈注。在 50 千米至 20 千米区域之间，地图上有从白色到深紫色不等的 44 个点，以表明逐渐增加的辐射水平（Bloch et al. ）。当用户的鼠标移动到一个点上时，页面上就会出现一个文本框，其中包含以微希沃特/每小时表示的辐射水平测量值（$\mu Sv/h$）、测量的时间、测量的次数、测量值随时间变化的图表（2011 年 3 月 17 日至 4 月 10 日期间），以及测量的比较背景。比较上下文包括两栏。左栏提供了时、日、月或年等定量值，右栏采用以下三种文字描述来说明辐射剂量或风险比较级别："相当于胸部 X 光片""高于美国核工作人员年受辐射限制"或"估计会增加终生患某些癌症的风险"。总之，这些信息栏的任务是帮助读者了解人们在地图上指定地点所受到的风险程度。例

① 例如，这篇文章报道了辐射进入生物圈的方式，以及关于日本政府规定的疏散区和美国大使馆提议的疏散区的争论。

② 参见案例 Berkowitz et al.。

如，一个人在测量值为 7.3μSv/h 的点，相当于受 X 射线辐射 14 个小时，将在 285 天内超过核工作人员年度受辐射限制，增加他们在 2 年内患癌的风险（Bloch et al.）。

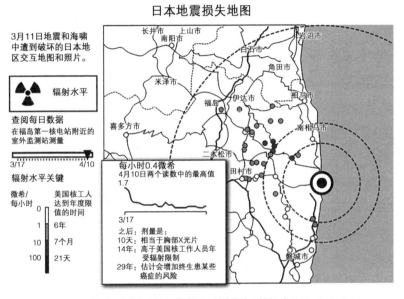

图 4　福岛辐射风险在线地图（根据《纽约时报》的地图复制；参见 Bloch et al.。）

通过提供包含事故附近具体辐射水平信息的交互地图，《纽约时报》的美国和亚洲在线读者能比以前更详细地了解事故带来的辐射风险，这要归功于互联网的可供性和有关辐射风险信息的可获得性。尽管有这种层级和类型的细节，但与由公民科学组织 Safecast 创建的可视化图像相比，这些地图仍存在定性和定量方面的局限性。我认为，这是主流媒体的目标、受众和信息收集实践与 Safecast 公民科学家存在差异的结果。

风险可视化：RDTN.org 和在线风险地图的发展

主流媒体，无论是印刷媒体还是网络媒体，其辐射风险表征惯例以及影响这些惯例选择的背景因素，为我们提供了参照依据，从中我们看到草根公民科学所创造的风险可视化图像的独特特征。本节辨别并说明由公民科学组织 Safecast 创建的辐射风险可视化图像与主流媒体可视化实践之间的差异。为了进行比较，我将 Safecast 的工作分为两个阶段。第一阶段为"风险可视化"，这个最初被称为 RDTN.org 的组织，其主要工作是收集来自现有公共机构的辐射测量数据，并以可视化的方式将这些数据表征在在线地图上。第二阶段为"建立传感器网络"，此时 RDTN.org 正式更名为 Safecast.org，并已经开始聘用公民使用辐射传感器技术来收集自己的辐射风险数据。通过跟踪这一转变的细节，以及数据收集和风险可视化之间的相互作用，以下部分记录了草根公民科学不遗余力地发布辐射风险视觉图像，这是此前从未出现过的。

Safecast 发展的第一阶段，大致在 2011 年 3 月 19 日 RDTN.org 网站启动到其 2011 年 4 月 24 日更名为 Safecast 期间内。在这一初始阶段，这个团体从一个由设计师、黑客和互联网企业家组成的松散联盟，有机地成为 Safecast 这个具体的组织。所有参与者都开始担心福岛核事故对自己、对生活在日本的朋友和家人的影响。由此这个草根联盟开始联合 RDTN.org 网站。该网站由俄勒冈州波特兰的设计师马塞里诺·阿尔瓦雷斯构思，并在他 Uncorked 工作室的同事的帮助下开发。据阿尔瓦雷斯所言，网站建立的初衷是有私心的，他想知道生活在美国西海岸的自己，是否应该担忧发生在太平洋彼岸的事情（Alvarez, interview）。在事故发生后的最初几天，他在美国主流媒体中搜索有关辐射风险的规模和扩散的信息，但这些信息让他越来越失望。在这种挫败感的刺激下，他决定建立一个网站，收集与日本核辐射水平可视化相关的信息。2011 年 3 月 21 日，他在 Uncorked Studios 的个人博客中解释道："我想收集所有那些发言人没时间讲到的信息。我想创建一个简单好用的网站，让每个人都能查询并清楚地看到一切"（Alvarez，"72 Hours"）。除了个人动机之外，阿尔瓦雷斯还受民主理想主义的影响，他的网站可以为人们提供有关辐射风险的信息："我们认为让人们购买设备自己检测并上传数据的想法是崇高的"（Alvarez，"72 Hours"）。被这些挫败和信念所激励，2011 年 3 月 19 日，福岛核事故发生后的一周，他和同事们开发并推出了 RDTN. org 网站。

尽管这个网站初始的构想是一个公众发布自己检测设备所测到的辐射数据的空间，但在网站创建初期，RDTN. org 只包含很少的非机构辐射测量数据。事实上，网站上的大部分数据（约 80％）[1]来自日本文部科学省的网站（Zhang；James；Aaron）。那些不是直接来自日本文部科学省的信息，则是由一个混合了公共机构和非公共机构的信息源所提供的，其已将数据下载到 Pachube，[2]Pachube 是一种基于网络的服务，可以管理来自可联网设备的实时数据。虽然 Safecast 并没有提供比公共机构更多的信息，但它可以提供公共机构信息来源中没有的东西，即日本辐射水平的交互式可视化图像。例如，在日本文部科学省的网站上，用户必须阅读密密麻麻的按地区排序的电子表格，才能找到某个辐射水平读数，与此不同，RDTN. org 让识别

---

① 这一估计基于伦敦互动设计师兼软件工程师张海燕（Hiayan Zhang）的计算，其建立了一个辐射可视化网站，并与 RDTN.org 共享数据。在 2011 年 3 月 24 日《大西洋月刊》网站对她的一次采访中做出这些估计，"当众包遇到核能"。参见 Zhang。

② Pachube 就是现在的 Cosm。

辐射水平变得很容易：在地图上找到你想要的位置，然后点击就行。

　　与主流媒体如《纽约时报》的交互地图相比，Safecast 地图不仅用户界面友好，对辐射风险的描述也更全面、更细致。在可视化的最初阶段，RDTN. org 网站收集的辐射测量数据以典型的谷歌地图 GIS 覆盖格式（见图 5）呈现，其中辐射测量设备的位置用标准的谷歌地图位置图标表示。它向用户提供了 100 多个单个来源的辐射测量值，超过《纽约时报》交互地图提供的辐射标记点数量的两倍。除更加全面之外，RDTN. org 提供的一些辐射测量信息也更细致。与《纽约时报》的交互地图相同，点击图标即打开一个窗口，窗口中显示更详细

图 5　日本的 RDTN 辐射地图（Marcelino Alvarez 授权使用；参见 *RDTN Radiation*。）

的辐射测量值信息，包括以微希/小时（wsv/h）和纳戈瑞/小时（nGyh）为单位的辐射测量值，以及获取读数的日期。然而，与《纽约时报》地图不同的是，RDTN 地图上的图标信息还包含该位置单个读数的来源。通过双击地图，用户可以放大或缩小地图，生成全国范围内不同的测量站数量的综合视图，或者生成显示特定区域正在计数的测量设备数量的区域视图。在《纽约时报》的交互地图中，标注了不同辐射水平的地点。不过，地图中没有给出这些地点的名称，并且标记这些地点所在的区域缺少主要的导航特征，如道路、山脉或河流。虽然《纽约时报》的交互地图确实包含了一些主要城市，但只能从这些城市推断出测量地点的大致位置（Bloch et al. ）。

相反，RDTN 地图对辐射风险进行了更全面的注释，更细致地描述了风险位置。这些差异虽小，但作为交流选择时，其说明了目标和受众的差异对风险可视化有何影响。在《纽约时报》的交互地图中，使用有限数量的辐射地点且缺乏辐射位置详细信息，可以合理地归结为主流新闻报道的目标和受众。主流媒体的目标是用通俗易懂、言简意赅的方式讲述这起事故的基本事实。《纽约时报》的互动地图超越了描述基本事实，还提供了一些精确的辐射水平数据；然而，地图的创建者远没有为用户提供全面的数据点，这不足为奇。虽然《纽约时报》的印刷版和网络版在日本和亚洲其他地区流传，但它的主要读者群是美国公众。对大部分目标读者而言，核电站周围地区的几个数据点就足以满足他们对辐射水平信息的大部分需求。此外，将这些数据点置于地理背景中并赋以一定的导航特性，就足以让美国的新闻读者获得辐射的大致位置，同时避免地图上的信息过载。

另一方面，RDTN 的主要设计参数在于全面性和细节性，而不是充分性和简洁性。在网站的博客中对此目标有明确的说明，他们写道："我们推出这个网站，希望可以提供清晰可靠的数据，使人们关注日本所需的关键救援工作……我们夜以继日地寻找和整合新的数据源，以此提供可靠的数据"(Ewald)。因为 RDTN 公民科学项目的目标就是获取可靠数据，并找到新的数据来源，我们可以推断，获取这些数据的目的是在网站上将其可视化，以提供日本各地辐射水平的综合地图。另一个任务是让这些测量数据对日本公民有意义。这些首要目标解释了为什么 RDTN 的在线地图包括辐射探测器的精确位置，以及为什么它包括道路、山脉和河流等导航细节。通过整合这些特征，地图的创建者可以帮助用户更好地判断其附近的辐射水平。这种形式多样的测量数据并不能像用户希望的那样实现本地化，尽管如此，它们依旧囊括了地图创建时关于辐射风险水平最大限度地公开信息。

　　RDTN 开发的这种在线地图，以一种易于获取的模式提供了关于辐射的全面和详细的数据，这立即引起了一小群人脉广泛的互联网企业家的注意，他们要么住在日本，要么有家人和朋友住在那里。他们当中包括洛杉矶互联网企业家、记者和活动家肖恩·邦纳；风险投资者、高科技企业家和社会活动家伊藤穰一(Joi Ito)，当时他即将成为麻省理工学院媒体实验室负责人；东京银行部门的信息技术经理、东京庆应义塾大学的访问研究员皮特·弗兰肯。在地震和海啸之后，邦纳、伊藤和弗兰肯一直与他们在日本的朋友和家人保持联系，关注他们的安全并询问如何能帮助他们度过灾难。随着核电站危机的到来，这些有关援助的讨论转向了事故可能带来的风险，以及将盖革计数器带给他们远在日本的亲人(Bonner, interview)。3 月18 日，也就是 RDTN 启动的前一天，三个人被介绍给了马塞里诺·阿尔瓦雷斯和他在俄勒冈州的团队。由于他们在了解与事故相关的风险方面的共同个人利益,两个小组同意合作开发 RDTN. org。在会面后的几周内,阿尔瓦雷斯和他在 Uncorked 工作室的同事们继续添加信息并调整网站设计,同时伊藤、邦纳和弗兰肯则为网站提供宣传和技术支持。邦纳在博客网站 boingboing 上发表了第一篇关于 RDTN 的文章,帮助 RDTN 在网络和传统媒体上获得更多关注。伊藤把这个团队介绍给物理和计算机科学领域的学者、专家,协助他们开发网站。他们合作开始了一项公民科学项目,该项目将彻底改变辐射风险的可视化。

开发新的可视化:Safecast 地图

随着总部设在美国的 RDTN 开始发展,并因其将风险可视化而受到媒体的关注,一项平行的公民科学辐射测量工作开始在横跨太平洋的日本形成。这一决定是由美国侨民克里斯托弗·王(Christopher Wang)发起的,他是东京黑客空间(Tokyo Hackerspace)的成员,该俱乐部致力于修改现有技术以扩展其效用或创建新设备("What Is Tokyo Hackerspace?")。2011 年 3 月 15 日,地震后第二周的星期二,秋叶(Akiba)和精通电脑技术的日本黑客们在东京黑客空间会面,讨论如何运用他们的电脑技术应对地震、海啸和核事故造成的危机。他们决定为没有电的当地居民建造太阳能灯,并开发盖革计数器网络,在东京收集辐射读数,然后将该网络扩展到日本其他地区。建立该网络的决定是出于该组织了解辐射风险的个人需要,以及对日本政府是否愿意对风险保持公开透明的怀疑。在一篇关于 3 月 16 日会议的博文中,秋叶写道:"这里许多人真正担心的是核辐射的持续影响。目前公众不信任政府公布的数据……这个(盖革计数器)项目惠及所有志愿者和几乎所有该网络覆盖范围内的人"("Thanks")。

由于具有制造定制电子设备的经验，①秋叶承担了为该团队的传感器网络接入或装配盖革计数器的任务。一开始，他致力于修改一台盖革计数器，这是两台获捐的冷战时期的盖革计数器的其中一台，以便将其辐射读数下载到网络上。他还计划使用从乌克兰订购的自制电路板和辐射管，从头开始制作盖革计数器（interview）。这些非常重要，因为事故发生时日本几乎没有可用的盖革计数器，也没有可以将辐射数据上传到网络的商业盖革计数器。后一个问题很重要，因为该团队希望他们的辐射读数能够广泛惠及东京居民，并成为检查官方辐射读数的来源。3 月 23 日，秋叶成功地破解了一台冷战时期的盖革计数器，并开始把其辐射读数发到网上（Akiba，"Hacking"）。这一举动成功引起了人们的注意。报道黑客社区新闻和项目的在线杂志《制造》（*Make*）的作者约翰·拜赫塔尔（John Baichtal）发现了这次黑客行为，并当天就此写了一篇短文。在这波宣传之后，邦纳鼓励住在东京的弗兰肯访问东京黑客空间（Bonner，interview）。4 月 2 日，电子产品爱好者弗兰肯参加了东京黑客空间的一次太阳能灯制作活动。在活动中，他向秋叶做了自我介绍，两人讨论了建立辐射传感器网络的计划。

到 3 月底 4 月初，由阿尔瓦雷斯和他 Uncorked 工作室的同事、伊藤、邦纳和弗兰肯组成的 RDTN 联盟的规模比最初有所扩大，加入了秋叶和东京黑客空间的一些其他成员。扩大后的新联盟成员都认识到，他们的根本问题是盖革计数器短缺。RDTN 虽然建有网站，但鲜有可供传播的非官方数据。秋叶和东京黑客空间已经解决了一

---

① 秋叶是 Freaklabs 的所有人，Freaklabs 主要设计和生产定制的无线传感器设备。更多详情可访问他的网站 freaklabs.org。

些与建立网络连接的盖革计数器相关的技术障碍，但需要资源来扩展他们的网络。认识到这种需求，他们决定继续前进，那就是需要筹集资金；因此，在 2011 年 4 月 8 日，RDTN 和东京黑客空间联合播出了一段视频，通过众筹网站 Kickstarter 筹募捐款，承诺用来购买盖革计数器（Aaron）。他们还认识到，随着 RDTN 联盟的扩大，必须更密切的合作，才能更好地协调工作。为了应对这一迫切需求，2011 年 4 月 15 日在东京举行的新环境会议上，各部分代表同意就个问题进行面对面的讨论。会议期间，他们为传感器网络的合作发展制订了正式计划，并决定联盟应当成为一个单独的综合实体。根据 Safecast.org 网站上的官方解释，团队成员决定"专注于收集数据，并总结出需要一个新品牌来描述我们现在和未来所做的工作。我们打算将之称为 Safecast"（"History"）。

2011 年 4 月 24 日，这个公民科学团体正式更名为 Safecast，此时它的使命已经开始从严格的数据可视化转变为数据收集和可视化。4 月 14 日，Safecast 通过志愿者戴夫·凯尔（Dave Kell）部署了第一台盖革计数器。凯尔当时正在前往福岛以北的一关市和仙台市的途中，为救援组织"第二丰收"（Second Harvest）食物银行运送食物。凯尔车内装了盖革计数器，在开车途中，他用 Iphone 手机拍摄盖革计数器的读数，并将照片发送至在线照片网站 Flickr。这些照片随后被发布到推特上，以便实时跟踪读数（Bonner，"First RDTN Sensor"）。虽然这种报告辐射的方法可行，但 Safecast 团队希望创造更有效的方法来收集和上传辐射测量数据。他们最重要的创新是 bGeigie 的开发，这是一种可以安装在汽车一侧的便当盒大小的辐射测量装置，装有该设备的汽车行驶过程中即可采集和下载连续的辐射测量数据。2011 年 4 月 23 日，日本庆应义塾大学志愿者和皮特·弗兰肯组成的小组对第一台 bGeigie 进行了测试。从东京向北开到福岛县郡山市，研究小组在小学、初中和高中周围进行了测量（Bonner，"First Safecast"）。因为它的机动性和自动化，该设备提供了一种简单合理、价格低廉的方法来收集大面积区域内的测量数据，对于一个希望提供辐射水平综合调查的小型草根组织而言是一个福音。

随着收集辐射测量数据成为 Safecast 的核心任务，他们创造的可视化图像的特征开始发生变化。尽管在该组织的数据收集工作中出现了许多可视化创新，但其标志性的可视化成果还是 Safecast 地图。该地图于 2011 年 6 月 23 日发布，并已多次更新。① 也许 Safecast 地图、主流媒体地图、早期的 RDTN 地图之间最显著的区别，就在于各地图所包含的辐射风险的详细程度。RDTN. org 的地图提供了一百多个测量值，相比而言，《纽约时报》的交互地图只有几十个。Safecast 地图最初包含数十万个测量值，且数量一直在增长，在本书写作之时，这个数字已经攀升到了数百万。达到如此可观的数据测量范围要归功于 bGeigie。在其发明后的数周到数个月内，车载 bGeigie 从东京出发，沿着日本东海岸向北行驶，经过福岛周围地区，到达主岛最北部的城市之一陆奥市。车载 bGeigie 还跟随志愿者们从东京出发到达日本的佐贺市。利用这些数据，Safecast 创建了一系列地图，其中测量时的行进路径以彩色圆点表示。每个点表示一个辐射测量值。冷色（绿色或蓝色）代表的辐射水平与事故前的辐射水平相当，或仅略高于事故前水平；暖色（红色或黄色）代表的辐射水

---

① Safecast 地图的主要数据，分别于 2011 年 8 月 10 日、2012 年 2 月 3 日和 2012 年 6 月 16 日在博客（blog.safecast.org）上进行更新。

平相对事故前要高得多。① 当用户把光标放在任意圆点上时，就会出现一个文本框，文本框中包括以分钟计数（CPM）和以微希每小时（μSv/h）为单位的精确辐射水平测量值，测量值的 GPS 坐标以及测量日期。

　　用颜色表示不同程度的辐射风险并不是 Safecast 的创新。《纽约时报》的交互地图就使用配色方案来区分风险水平。在美国能源部国家核安全局及非政府组织绿色和平绘制的地图中（*Aerial Monitoring*；*Map of Radiation*），辐射风险的颜色色标也出现过。然而，Safecast 地图有其独特之处，其他来源的地图中使用颜色来给出辐射水平的一般意义，但 Safecast 地图的创建者希望使用颜色来描述整体和局部的辐射风险。既然自称为公民科学而努力，那么 Safecast 就像 RDTN 一样，其使命之一是向日本公民提供尽可能多的有关辐射风险的地方性信息。在该组织更名为 Safecast 后接受采访时，团队成员提到了这个目标。例如，在接受半岛电视台的采访时，肖恩·邦纳解释说："尽管日本向国内外都发出了警报，但基本上仍然难以获取关于辐射水平及其范围的具体信息。Safecast 正在努力克服这种信息缺失"（Jamail），实现最大限度提供关于辐射风险的信息这一目标，也体现在地图中显示的测量值的 GPS 坐标信息上，这些坐标值使日本公民可以通过 GPS 设备来识别离他们最近位置的风险级别。

　　辐射风险的具体细节对日本公民更准确地了解其特定风险状况而言非常必要，而地理学上更广泛的风险表征也同样很有用。值得

---

① 随着时间的推移，Safecast 改变了风险的颜色编码。最初，他们使用传统的绿色到红色风险标识。然而，最新的视觉图像打破了传统的配色方案，使用蓝色到浅黄色的配色方案。

注意的是，核事故的风险范围在街道间和城镇间存在差异。放射性危险区可能出现在距离事故现场数英里远的孤立区域，而反应堆附近也可能出现安全区。这些不一致揭示了支配放射性沉降物分布的是变化无常的天气和地形。正如 Safecast 志愿者卡林·科佐诺夫（Kalin Kozhuharov）所言，日本公众需要对辐射风险有一个全面的认识，以充分理解福岛核事故辐射风险分布的细微差别："有必要建立这个（辐射传感器）网络，因为风和地震会改变辐射水平。'需要组织好数据，这样人们才能全面了解情况'"（Watanabe）。Safecast 面临的挑战是，如何在向用户提供他们想要的本地信息的同时，也提供地理上大范围的风险表征，让他们全面了解放射性沉降物的分布特性。

　　为了解决这个问题，Safecast 采用网格地图表示数据。这种可视化技术将风险信息分层列在一组嵌套的网格中，在这些网格中，下级网格是上级网格的一部分（见图 6）。用户通过放大或缩小地图来上下移动这些网格层。Safecast 地图网格在最细微格式下，能够显示达数百平方米面积。在这个单位上，原点和方框代表的是单个的测量值。当用户缩小几个显示单位层级时，单个的测量值被一个更大的彩色方块网格所代替，这个方块的颜色和辐射水平是由其涵盖范围内所有的点和方块的平均值所确定的。通过进一步缩放，用户可以查看整个地区的辐射风险分布，以及最高分辨率下整个国家的辐射风险分布状况。例如，这种表征策略允许用户在区域级别确定东京西北 20 英里处的危险区域，以更高分辨率可以精确定位到大田市和伊势崎市之间第一医院以西 2 公里处的一段高速公路（Safecast Map）。

　　Safecast 网格地图避免了传统靶心图和辐射云视图的缺点，但却吸纳了它们的优点。就像靶心图一样，Safecast 网格地图在最广泛的

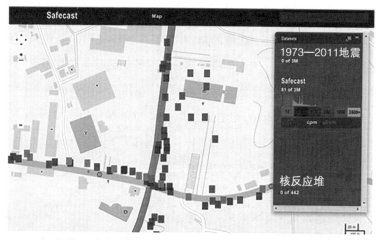

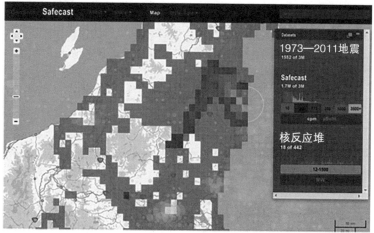

图 6 Safecast 下级和上级视图（Safecast 授权使用；参见 *Safecast Map*。）

可视化层面上能满足用户了解核电站周围地区的平均辐射水平。事实上，这种地图甚至采用了非常基本的靶心图设计，勾勒出福岛周围 20 公里的疏散区，在早期的迭代版本中，还包括美国大使馆建议的 50 公里环形疏散区。可视化图像是动态建构的，根据来自更多区域测量的辐射值进行平均，而不是静态地使用所有同心环限定区域内测量值的平均值，因此网格地图避免了靶心图无法表现核事故辐射风险分布变化的缺点。有趣的是，在与媒体谈论他们的辐射风险可视化图像时，Safecast 的成员敏锐地意识到他们的技术在克服靶心重叠地图局限性方面的价值。2011 年秋天，在接受美国新闻电视网新闻时刻（PBS NewsHour）记者迈尔斯·奥布莱恩（Miles O'Brien）采访时，Safecast 的肖恩·邦纳通过将其可视化方法与传统的靶心图进行对比，强调了可视化方法的优越性：

> 迈尔斯·奥布莱恩：肖恩·邦纳是志愿者组织 Safecast 的创始人之一，Safecast 绘制了日本最详细的辐射污染地图……辐射不符合他们想要画在地图上的那种漂亮整洁的小圆盘，对吧？
>
> 肖恩·邦纳：对，对，是的。辐射不是像指南针那样向外辐射。
>
> 迈尔斯·奥布莱恩：对。就是这样。这是一个非常随机的事情。
>
> 肖恩·邦纳：是的。风和地形这些疯狂的东西最后都会影响辐射。（O'Brien）

这里，奥布莱恩和邦纳把矛头对准靶心重叠地图在捕捉细微的辐射运动方面的无能为力。例如，靶心图设计认为辐射的扩散是有序对称的，奥布莱恩通过如下评论质疑这种固有的偏见："辐射不符合他们想要画在地图上的那种漂亮整洁的小圆盘，对吧？"此外，两人共同强调了这类风险的不对称本质。奥布莱恩以如下的陈述展开批判："这（辐射）是一个非常随机的事情。"而邦纳详细阐述了影响辐射水平的各种因素："是的。风和地形这些疯狂的东西最后都会影响辐射。"通过采用网格地图设计，Safecast 不仅能够阐明辐射风险分布的复杂性，还能够对传统的风险表征形式进行批判。

Safecast 的设计不仅解决了靶心图无法准确显示风险分布的缺点，它还处理了云视图的相关问题。虽然云视图提供了更清晰的辐射风险分布和方向说明，但云下风险的实际规模并不透明。Safecast 地图解决了这个问题，为用户提供其在地图上所选择位置的精确或平均辐射测量值。这种数据和信息的联系，有助于用户更加清晰地了解辐射风险水平。然而，更引人注目的是它所报告的辐射水平的数量和类型。主流媒体上的大多数地图都使用单一标准测量单位（雷姆、希沃特或戈瑞）来表示辐射水平，但 Safecast 的可视化图像同时使用了标准和非标准单位。通常使用的标准单位是微希，但 Safecast 地图上也使用每分钟的非标准单位计数（CPM），并作为 Safecast 地图上的默认测量值出现。选择一个非标准单位作为默认值，尽管并不常见，但对公众理解辐射风险有重要意义。

主流媒体通常并没有报道，与核事故有关的辐射风险共有三种类型：α、β 和 γ 辐射。主流媒体包含具体辐射测量值的报道中，只表示了 γ 辐射的水平。γ 辐射是最严重的，因为它可以穿透皮肤、衣物和建筑物，增加罹患癌症和其他有害生理疾病的风险。然而，α 辐射和 β 辐射因为穿透力弱，一般认为风险较小。例如，纸张可以阻挡 α 辐射，衣物可以阻挡 β 辐射。然而，这两种类型的辐射仍然有很大的健康风险。如果吸入或摄入释放这类辐射的放射性物质，就会对局部组织造成强烈的辐射，因为它们的放射性能量非常集中。由于摄入或呼吸放射性颗粒的可能性不容忽视，尤其对儿童而言，所以 Safecast 的成员认为，与事故相关的实际辐射风险被低估了（Bonner，"Alpha，Beta，Gamma"）。为了更全面地评估辐射的风险，并让用户了解不同种类的辐射，团队决定使用每分钟计数（CPM）作为表示辐射水平的标准单位。邦纳在科技网站 O'Reilly Radar 对他的采访中解释道："Seafast 正在部署捕捉 α、β 和 γ 辐射的传感器。'追踪这三种辐射非常重要'"（Howard）。在使用每分钟表示辐射的过程中，Safecast 甚至超越了最详细的云可视化风险表征方式，包含了主流媒体认为不重要的辐射类型的信息。这个选择进一步证明，其风险表征形式的设计源自与主流媒体不同的使命：使辐射风险透明化，并让公众了解其复杂性。

结论

　　通过研究主流媒体对辐射风险随时间变化而采用的不同的可视化策略，以及公民科学组织 Safecast 开发的新型可视化技术，本章揭示了数字时代催生的新的风险表征形式，与此同时，主流媒体与新兴公民科学组织在风险表征上的差异表明，二者具有不同的目标。大众媒体在三里岛、切尔诺贝利和福岛核事故中的辐射风险可视化方法的发展表明，风险可视化的策略选择受多种因素影响，包括辐射风险信息的可获得性、报告风险的技术可供性以及风险报告人员的理念和目标。随着互联网的兴起，非官方机构的风险表征成为现实。通过密切参与收集和报告辐射风险的科学、技术和方法，Safecast 团队开发了新颖的风险可视化技术，以满足他们的需求和他们所设想的日本公众的需求。因为 Safecast 有机会展示和收集有关风险的数据，因此受到了鼓舞从而更密切地参与风险科学。这种参与，加上他们对公众了解辐射的权利的承诺，导致产生新的风险表征形式，这些新的风险表征形式体现了公众的利益，这是以往可视化策略中所没有的。与主流媒体的风险表征形式不同，Safecast 的可视化表征在风险信息的类型和数量上都是全面的，其使命是告知用户风险的随机分布以及他们所面临的不同类型的辐射风险。

这里提供的关于风险表征差异的证据和讨论，对修辞学学者、传播学学者以及负责向公众传播风险的公共机构都有影响。对于修辞学学者和传播学学者来说，它揭示了风险评估和传播研究需要扩展到批判性的视角之外，通过发现公共机构传播者在对公众传播方面的充分性和有效性方面的失败来参与公众修辞和传播。随着公民科学的蓬勃发展和其他草根阶层在互联网风险传播方面的努力，本章认为，现在恰好是一个时机，可以通过探讨草根公民科学组织的风险传播和论证策略选择来描述性地评估其目标。

对公共风险传播的相关机构而言，这一评估表明，它们不能再期望自己是辐射风险公共表征的唯一来源，同时，他们应该把对草根传播的描述性评估（例如 Safecast）作为了解公众信息需求的机会。通过对福岛核事故公共机构信息源的辐射风险报告的文献回顾表明，他们对事故的事后评估很少涉及沟通层面的对话，也没有做出任何像 Safecast 这样的公民科学组织对开发新型的、以公民为中心的风险传播策略的努力。在少数机构对事故的讨论确实转向沟通问题的情况下，讨论的主要焦点是机构或主流媒体在有效沟通方面的成功和失败。例如，在《原子科学家公报》（*Bulletin of the Atomic Scientists*）上，媒体分析师莎伦·弗里德曼（Sharon Friedman）对主流媒体对事故报道的总体改进发表了评论。她写道："互联网……为传统媒体提供了许多更好的（对福岛核事故进行）报道机会，包括提供了更多文章空间和发布交互地图和视频的能力"（Friedman 55）。在同期发表的另一篇独立评论中，船桥洋一（Yoichi Funabashi）和北泽凯(Kay Kitzawa)①指责政府官员没有向公众充分传达风险。他们认为"大多数普通民众并不知道所报道的辐射水平背后的含义。没有标准来判断该水平是否危险。政府在这方面没有做出有效的努力来教育或安抚公众"(Funabashi and Kitzawa 10)。在评估的学术或官方文件中②，没有任何分析师或媒体、核工业或日本政府的代表讨论过由非公共机构团体所做的在线风险表征及其对风险传播和信息传递的影响。Safecast案例表明，公民科学组织的兴起代表了一种辐射风险沟通的挑战或机会。通过忽略草根数据收集组织的出现，公共机构尤其是政府在国家危机时期面临着传播竞争的危险。通过研究Safecast这类致力于开发辐射风险表征的组织，其中包含公众对综合性和教学性风险交流的需求，公共机构参与者可能会学习在危机期间如何提升他们与公众沟通的能力。通过接受公众参与科学可以开辟支持公共利益的新传播和批评渠道的想法，修辞学学者和传播学学者可能会发现他们处于有利位置，在数字时代公民科学的曙光中，实现此类机构与公众的合作。

---

① 船桥洋一是日本再建倡议基金会(Rebuild Japan Initiative Foundation)的主席，北泽凯是基金会的人事主任。该基金会成立了福岛第一核电站事故独立调查委员会 (ndependent Investigation Commission on the Fukushima Daiichi Nuclear Accident)，其任务是负责彻底调查福岛核事故的原因和应对措施。

② 参见 Shimbun, Friedman, and IAEA。

第三章　信息为民和信息由民：互联网和公民专业知识的增长

　　上一章讲到，互联网让 RDTN/Safecast 的成员能够获取数据，并深入了解科学方法与信息，这在数字时代以前是难以想象的方式。利用数字化资源，他们可以发明出自己的设备来收集辐射数据，并设计出以公众为中心的独特的辐射风险表达方式。互联网和联网设备帮助 RDTN/Safecast 项目建立起以公众为中心的风险传播体系，互联网这一变革性影响带来如下问题，即这类科技是否可能还影响了公众参与辐射风险公共辩论的能力？ 如果影响的话，其运行机制是什么？ 过去的十年里，越来越多的修辞学学者与传播学学者注意到了互联网对于政治争论及交流的影响，他们想要了解互联网在政治参与和协商中潜在的变革性角色。例如，芭芭拉·沃尼克（Barbara Warnick）和大卫·海尼曼（David Heinemann）在 2012 年出版的《网络修辞学：政治传播中的前沿》（*Rhetoric Online：Frontiers in Political Communication*）就探讨了围绕该主题的一系列话题，其中包括 2008 年美国大选中新媒体的运用，以及 YouTube 上有关"不问不说"立法辩论的视频所带来的巨大影响。类似的学者还有伊恩·博格斯特（Ian Bogost），他在其 2007 年的专著《说服性游戏》（*Persuasive Games*）中提到，人们会在网络游戏中交流某些话题，比如美国发动的伊拉克战争和达尔富尔的饥荒，通过观察这类现象，他对网络在政治信息传播中的作用进行了考察。除了相关书籍以外，还有许多文章也对政治与网络的交叉进行了探讨，涵盖从通过互联网吸引选民（Davisson 2011），到其在促进协商民主中的作用的方方面面（Ishikawa 2002）。

尽管互联网对政治协商和传播的影响引发了持续增长的关注，但在涉及强大的技术科学层面问题时，却几乎没有人研究互联网如何影响公众话语与争论。如果互联网和数字媒体能够吸引更多更好的科学领域内的公民参与，那么在某些情况下，也能帮助外行公众进行更为专业有效的技术讨论。本章探索的问题是，数据收集领域的技术变革如何影响非专业人员像专家那样进行辩论的能力？为此，本章将研究公民科学团体 RDTN/Safecast 的公共论点是如何通过参与基于互联网的公民科学而发生转变的。分析表明，Safecast 项目通过基于网络的辐射测量扩展了其可用的道德说服手段，改变了公共论点，推进和捍卫了公民科学活动。

公民、科学与互联网

在过去五年间，互联网在科学领域带来的最重大的改变之一是它为非科学专业人士提供了更广泛的机会参与科学知识的生产。任何一个拥有电脑的人，不论他是坐在办公桌前还是舒服地躺在客厅沙发上，都可以在 FoldIt 网站上致力于发现新的蛋白质构型，或者在 Galaxy Zoo 网站上帮助天文学家辨别天体。随着科学家越来越频繁地向公众寻求帮助来处理几何级数增长的数据，我们有望看到，公众参与科学研究开始打破横亘在公众与科学家甚至科学之间的专业与权威壁垒。2011 年 11 月，普利策奖得主加雷思·库克（Gareth

Cook)在《波士顿环球报》(*Boston Globe*)上发表了一篇题为《众包正在如何改变科学》的文章,对互联网民主化效果表示乐观。他写道:"发现能推动科学进步,而我们似乎正站在发现民主化的开端。任何一个普通人都有可能明白某个蛋白质的一条长链是如何折叠的;一位从未上过大学的女士可以提供重要转录来揭示某个脚本是一首两千年前的爱情诗"(Cook,"How Crowdsourcing")。

尽管互联网和众包有望日益扩大科学民主化的可能性,但与日俱增的参与科学前景也带来如下问题,即这种新的互动模式将以何种方式,以及在何种程度上改变公众与科学的关系? 在许多情况下,答案会是"变化不大"。虽然科学家邀请公众参与到研究活动中,但他们依然全权负责设定研究议程并确定事实收集的参数及方法。关于这种参与科学的单向性本质学者们多有论述,他们列举了 FoldIt 玩家参与确定蛋白酶 M-PMV PR(猿艾滋病)的候选结构:"FoldIt 玩家在解决 M-PMV PR 结构中的关键作用显示了网络游戏引导人类直觉……来解决高难度科学问题的能力……游戏玩家的智慧,如果引导得当,将会成为解决广泛科学难题的强大力量"(Khatib et al. 3)。

以上论述虽然包含了对众包科学的极大热情,也承认了非专业公众参与生产科学知识的能力,但在支持公众科学参与的同时,也表达了对他们在没有指导的情况下从事科学研究能力的疑虑。正如卡迪(Khatib)等人认为游戏玩家在科学中是一股强大力量,但对他们必须"指引得当",指出网络众包科学可能并非如媒体报道中所描述的那样民主。

尽管将非专业人员纳入科学研究的诸多努力并没有打破两者间的壁垒,但在少部分案例中,科学与公众间的传统关系似乎真的在被互联网的一些科技特质所改变。RDTN/Safecast 就是一个典型案例。这个项目之所以能从其他大多数公民科学项目中脱颖而出，是因为它脱胎于个体乃至群体对于风险信息的切实需要，并进而得到了有机发展。进一步来看，该团体的成员认为他们的使命不仅在于自己学习关于风险的科学文献，还在于收集真实的风险数据并研发自己的联网设备以开展测量。

作为一个从事科学数据采集与可视化的草根组织，RDTN 是独一无二的存在，代表着以独特的契机来探索互联网在改变科技类议题中公共话语及争论的作用。为研究这一变化，本章比较了 Safecast 及其前身 RDTN 在公共话语中使用的不同道德诉求。基于这一对比，可以得出以下结论：随着该群体通过网络获得更多科学信息、方法以及数据收集工具，它在道德讨论中能够使用的表达增加了，论证范围从严格的非技术道德诉求扩展到技术性与非技术性人格诉求。福岛事件发生后，该团体迅速利用这些新的论据来公开捍卫并推动对辐射水平的表征。

界定专业知识

在讨论 RDTN/Safecast 基于互联网的公民科学是如何扩展其全部道德讨论之前，我们有必要确定非技术性与技术性人格诉求的一些本质特征。而由于人格诉求范畴之间的区别从根本上说是一个关乎专业知识的问题，因此我们首先必须提出并回答这个问题：是什么将专家与非专家区别开来？也许针对这一问题最为细致的研究当属 STS 研究学者哈里·柯林斯（Harry Collins）和罗伯特·埃文斯（Robert Evans）所著的《专业知识的再思考》（*Rethinking Expertise*）。他们在文中提出了一个"专业知识周期表"，将"人们在做技术判断时有可能利用的"各个维度或层次的专业知识详细地列出来(2页)。在周期表的"专家专业知识"部分中,作者列举了一系列专业知识,按顺序分别是"标签式知识、通俗知识、一手资源知识、互动性专业知识和贡献性专业知识"(14页)。

"标签式知识"代表了人们所能获得的最低级的专业知识。在这一层级,有关科技话题的信息局限于趣闻、趣事或者扼要的解释,往往可以在啤酒杯垫或快餐垫上见到。作者认为这些知识基本上没有什么效益,因为它们无益于知识拥有者的工作或生产,无助于对话题本质的探讨,无法更止他人对此的误解,也不能帮助人们思考与之有关的风险(Collins and Evans 19)。表上的下一个位置是"通俗知识",这类知识"可以通过从大众媒体和通俗书籍中有关科学领域的信息来获得"(Collins and Evans 19)。在这一阶段,知识使用者以一种更为综合的方式来理解某一科技话题。因此,比起从快餐垫上刚刚看到一则科学趣闻的人来说,他们能够以更复杂的方式向他人解释知识,而不是死记硬背地转述知识。更高一级的专业知识来自"一手资源知识"。根据柯林斯和埃文斯的观点,专家与非专业人员的分水岭就出现在这一层级,因为这两个群体都能参与有关特定领域的专业和半专业[①]文献。尽管阅读的文献内容相同,但非专业人员的阅读经验与专家不可相提并论,因为"有人想要从出版(一手)资源中获得近似于公认科学知识的扼要版本的信息,那么他必须要知道什么该读,什么不该读;为此他必须要接触到专家群体"(Collins and Evans 22)。也就是说,专家与非专业人员的阅读体验是不同的,因为专家是以特

---

① 通过考察《自然》或《科学》上发表的原始研究文章之间的差异以及这些文章在同一出版物中的适用性,可以说明专业文献和半专业文献之间的区别。前者的读者将是专业领域的专家,后者的受众则包括科学家以及不直接参与原文章专业领域的科学记者。

定专业知识的参与者阅读，但非专业人员则不是。

在最后两类范畴"互动性专业知识"与"贡献性专业知识"中，参与的质量决定了参与主体在话题上最终能达到的专业层级。处于"互动专业知识"水平的人通过持续性、系统性的方式观察科学家及其实践，对科学知识是如何产生的有了专门的了解。柯林斯和埃文斯将社会学家、人类学家，以及记者、销售人员和经理人包括在这一类别中，他们的工作需要定期与科学家互动（31-32页）。基于他们的互动经历，这一专业层级的专家能够与本学科或其他学科的专家（包括其他科学家）就其专业领域的科学工作进行清晰细致的交流（34-35页）。这部分最高阶段的"贡献性专业知识"不仅要求全身心投入科学文化，并且还要求有"在专业领域中从事实际工作的能力"（24页）。正是这两种专业品质，与科学文化的互动，以及对科学知识生产的贡献，最终主导了我想要在技术性与非技术性人格诉求间进行的理论区分。

界定技术性与非技术性人格诉求

亚里士多德在《修辞学》中指出，人格诉求（ethos）是指演说者通过强调高尚品质（arête），对受众的善意（eunoia），或者实践智慧（phronesis）来鼓舞信心的一种诉求（I ii 1378a）。为了综合地描述技术性人格诉求，很重要的一点就是要考虑清楚每一种道德诉求的技术和非技术版本可能是什么样的。柯林斯和埃文斯对专业知识的探讨或许与实践智慧最为契合，因此在涉及技术性与非技术性的判断性争论时，他们的观点可以为两者的区分提供一些参考。如作者所解释的那样，通过熟悉特定领域的科学文献，非专业人员通常可以获得更高程度的专业知识。然而，如果不能持续与科学文化进行互动，或者直接参与到科学知识的生产中，他们的专业知识程度就无法超越"一手资源知识"，而他们的实践智慧，或者说正确判断力就往往容易遭到批判——他们既缺乏对于文化背景的完整体验，也没有知识生产的实践，因此不可能做出可靠的技术评估。尽管非专业人员基于自己同公认专家的交流可能会声称拥有"互动专业知识"，但这些交流通常是暂时的和协商性的，而不是为了解某一领域的社会、制度以及认识论文化所付出的长期努力。所以，这类主张可能更适合描述为诉诸"通过关联对专业知识"的非技术性道德诉求而不是所谓的"互动性专业知识"。此外，非专业人员可能还会声称拥有某一领域的"生产性专业知识"，理由是他们以业余人员、热衷者或爱好者的身份对自然进行了更为规范的观察或操作。不过，这类主张会被当作诉诸半专业知识的非技术性道德诉求，因为参与者只能获得对任一领域研究方法及程序的初步理解，并且他们的活动动机往往是个人利益而非社会需求或科学需要。相比之下，真正拥有"生产性专业知识"的人能够利用自身在具体领域的知识生产实践中的参与或者详尽的理解来建立自身的可信度。他们的工作动力来自公共利益，比如解决社会问题、科学问题或回答专业领域内与之相关的问题。此外，他们还可以使用他们的资格来证明他们的良好判断力，比如学术领域内的学术发表记录、官方头衔、所获奖项或专业领域内的荣誉地位等。

如同来自实践智慧的论点一样，诉诸相互的善意的道德诉求，可以通过多种方式实现。根据亚里士多德的理论，在非专家论证中，听众对于演说者善意程度的判断，基于他们是否相信他是自己的朋友。如果观众感到演说者是真心希望他们好，而不是为了自己的某些利益，那么他们就会相信他是自己的朋友（II，iv 1381a 9）。而当观众认定他们和演说者对同一件事物观点相同或者"他们在性格和职业上与我们一样"，他们也会相信他是自己的朋友(II, iv 1381b 15)。

亚里士多德将善意理解为演说者和观众之间的身份认同，但罗马修辞理论家根据演说者设法使观众倾向于接受他的观点的能力来进行讨论。例如，西塞罗(Cicero)在《论创造力》(*De Inventione*)的绪论中解释说，观众出现认同倾向取决于演说者如何呈现自己的观点。如果他在陈述观点时采取的方式能够让受众聚精会神并乐于接受他的言论，那么就可以说，这些观众更倾向于接受他的观点。为使观众集中注意力，西塞罗建议演说者"设法表明我们将要讨论的话题是重要的、新奇的、令人难以置信的，或者关系到全人类或观众中的人"(I, xvi, 2)。为了让他们接受，演说者必须"用通俗易懂的语言简明扼要地解释案例的本质"(I, xvi 23)。

亚里士多德和罗马修辞家所讨论的善意在方法论透明的实践中具有独特的科学或技术表现。尽管方法论也是理性诉求的一部分，但它还可以被看作演说者建立善意的一个中心特质，因为方法论上的透明使得受众能够重复或评判专家得出结论的整个过程。通过方法的透明性，科学或技术专家还通过说明他们正在根据知识界的传统做法从事科学工作，从而同他们专业的观众间建立了身份认同。再进一步说，依据古罗马经典意义上对善意(benivolentia)的定义，对于方法论的解释也可以看作是对观众的善意，因为如果专家不进行解释，知识的创造过程可能对观众来说是晦涩难懂的内容。反之，任何被认定为忽略了方法描述，或者甚至隐瞒了有关方法的信息的专家，都会引发知识共同体对其成员资格的怀疑，甚至被指控为故意掩盖错误或欺诈过程。无论是为自己的结论做辩护，还是对对手的结论进行论证，使用方法论上的透明都需要特殊的程序知识。就非专业人员而言,相互的善意只局限于有关方法论的权宜之计或对科学家善意的负面攻击,比如抨击他们在选择方法论时依据了不当的道德基础或务实理由。举个例子,在法布和索布诺斯基对艾滋病的调查中,有激进主义者对于艾滋病药物测试的实验方案提出了道德质疑,他们的根据主要是艾滋病群体进行临床试验的经历和有关临床方法论的道德问题与实践问题(176–177页)。外行观众很少会针对方法论的模糊性或身份认同的问题对科学家进行道德指控,因为他们缺乏提出这些指控所必要的经验或成员身份。

就像正确判断力和对受众的善意一样,高尚品质也有一种独特的专业道德诉求,体现在认识论客观性这一美德上。虽然有很多美德,比如精确、谦逊、独创性或怀疑①,都属于专业美德或技术美德,但对于科学身份而言,这些都不如客观性那样重要,同样也没有任何一项美德能像客观性那样引发如此多的道德攻击或辩护。技术领域的客观性不同于对美德的非技术道德诉求的客观性。在非技术领域,客观性往往指向演讲者动机的自私性或无私性,因为它与物质欲望、社会欲望或政治欲望的常见类别相关。例如,对一位专家的美德进行非技术性道德攻击的依据可能是他从科学工作中获得某种物质利益。这套说辞十分常见,运用甚广,比如有些非专业人员就从道德上批评气候变化学家,称他们生成研究结果只是为进一步研究获取资金保障,却没有就人类对气候状况的影响给出任何有意义的指导。然而,一个技术性辩论者对客观性进行的道德攻击却是认识论层面的,聚焦于偏见或者关于社会/自然现象的先验信念或价值观对观察或实验结果的影响程度的问题上。此处客观性指的是规范

① 关于这些美德的全面讨论,参见 Prelli。

的知识创造，而不是面对社会、政治或物质收益时表现出来的自我克制。就像资格、参与和方法论透明一样，对于认识论客观性这一美德的呼吁也是技术性道德诉求的一种，因为它要求论证者参与到专业程序和认识论实践中，或对专家程序和认识论实践具有深入的技术知识。

在审视 RDTN 向 Safecast 转变过程中道德讨论状态发生的变化时，依据正确判断力，对受众的善意和高尚品质进行的技术性与非技术性道德讨论的区分为我们提供了一套理论框架。在此我们提出的观点是：在组织发展的第一阶段（RDTN），他们将数据可视化，但并不参与数据的收集，此时他们的道德论点基本是非技术性的。然而，在组织发展的第二阶段（Safecast），随着他们开始参与收集数据的实践，他们的道德诉求的本质发生了变化，并开始展露出更为明显的技术特征。这一转变表明 Safecast 在基于互联网的数据收集实践中开发出了新的辩论词句，而这些新的辩论词句以前作为 RDTN 无法提供给他们，草根组织抓住机会利用这些新的词句来消除在公共话语和争论中保护和推进他们对辐射水平的表述。

第一阶段：RDTN、表征的中心地位和非技术性论证

上一章已经清楚阐明，RDTN 在向 Safecast 发展的初期仍然是一个松散的个人联盟，他们在个人兴趣的驱动下联合起来运营了一个网站来标示福岛事件中的辐射风险。马塞里诺·阿尔瓦雷斯发现关于辐射风险的基本信息依然十分匮乏，因此和同事们建立起了 RDTN.org 网站。除了他们以外，一同加入的还有三个人：邦纳、伊藤和弗兰肯。这三个人之所以加入 RDTN，是因为他们认为这个组织可以帮助他们在日本的亲友更好地了解和应对他们的处境。这三

人作为网站的促进者和宣传者发挥了重要作用。伊藤和弗兰肯为阿尔瓦雷斯及其同事提供必要的信息，并联系专家来帮助他们推动网站的技术发展。邦纳则负责在网络媒体上撰写有关 Safecast 的文章，引发了对该组织活动的热议。

在成为 Safecast 之前，RDTN 的任务是致力于完成日本辐射水平可视化任务。在此过程中，他们遭到了主流媒体对其道德诉求的歪曲和攻击，并不得不站出来回应。这些曲解和攻击主要针对的是为网站提供辐射水平数据的"公民科学家"。在捍卫其职责时，该团体十分依赖诉诸半专业知识①和专业知识相关的非技术道德诉求。这种捍卫性策略的应用表明，尽管 RDTN 致力于证明自己是一个技术性而非平民化的知识生产组织，但它缺乏捍卫这种形象所必需的资格。

媒体之所以对 RDTN 进行歪曲和攻击，很可能是因为这个组织最初宣称自己是辐射风险的可靠信息源。自 RDTN. org 建立之日起，阿尔瓦雷斯及其 Uncorked 工作室的同事们就已明确提出，鉴于媒体消费者只能从其他信息源获得各种互相矛盾的报道，网站的目的就是要为他们提供可靠的辐射风险信息。他们在网站的博客上解释道："由于许多关于受灾地区的辐射水平的报道都互相矛盾，我们希望能中立地去报道和理解数据"（qtd. in White）。在这份声明中，"中立"这一用词十分醒目，因为它将该网站描述成一个客观的信息源，并且此处的"客观"指的是科学意义上的"客观性"。然而，紧随其后的"报道和理解数据"一词又表明此处的"中立"含义十分复杂。它

---

① 所谓半专业知识诉求，我指的是诉诸论述者作为专业知识领域的业余者、爱好者或业余爱好者的身份。

并不意味着地图中呈现的数据符合科学意义上的公正性或客观性，相反，它旨在说明希望网站以新闻记者追求客观性的方式为读者提供一种消除数据偏见的格式：通过对单个事件提出多种观点。这个在线地图为实现这种新闻客观性所采用的方法是将公共机构和个人提供的辐射数据进行可视化和并列。这个想法是，如果多个信源的数据都显示同一辐射水平，那么这个辐射水平一定是正确的。如果它们互相矛盾，那么真正的辐射水平尚不能确认。RDTN.org 的创立者在网站上的措辞十分谨慎，他们不希望让人们认为该网站意图将自己标榜为区别于现有公共信源的权威数据源。相反，他们的目的只是想把所有的可用数据列举出来，这样网站访问者就可以自行得出关于辐射水平的结论。正如 Uncorked 工作室的大卫·埃瓦尔德（David Ewald）所说："我们的数据不是，也不应被视为官方信息的替代品。这个网站只是通过提供多个数据信息源来对信息进行补充。"

　　尽管 RDTN.org 的创立者声称，网站之所以是公平公正的，是因为它提供了各种不同的辐射水平记录，但很多关于该网站的新闻报道给人的印象，即 RDTN.org 之所以是一个可靠、公正且真实的信息源，原因在于网站上的数据来源于"人民"，而不是像东京电力公司或日本政府这样的机构。这些新闻网站将公民视为非技术性客观意义上的可靠信源，因为他们报告辐射测量结果的行为并没有为自己带来任何政治上或物质上的损益。此外，他们被认为具有谈论其直接环境中的风险的经验权威。在此，实践智慧与高尚品质的来源并非主体在规范性科学观察中的参与，而是知情者在特定的社会、物理或政治环境中的存在。比如，在《时代周刊》的一篇网络新闻推送中，这种特征就很明显，作者开篇这样写道："您是否对受损的福岛核电站周围的'真实'辐射水平感到担忧？问问那里的人民吧"（Travierso）。尽管"真实"一词加的引号具有讽刺意味，但根据后文来看，很明显作者真切地想要通过这句话来告诉人们：RDTN 展示的由公众收集的信息代表了纯粹的信息，不受政治阴谋影响，政治阴谋投下了怀疑的阴影，官方的科学测量数据互相矛盾，因而必然是不真实的。作者下一句又写道："关于真实的辐射水平的报道互相矛盾……新网站RDTN. or 致力于填补信息空白"（Travierso）。文中"报道互相矛盾"指的是东京电力公司与日本政府提供的辐射报告存在出入，这导致了一种真相真空或缺口，需要由真实信息来填补。通过发布最新的来自"人民（大概是日本公民）"的实际读数，RDTN. org 被认为用其"真实"辐射水平测量数据来填补这些空白。

　　而在其他文章中，RDTN 网站数据的可信度或真实性的表示则基于数据上报者同核辐射事件的接近程度以及他们报告事件的及时性。例如，Safecast 联合创始人邦纳在其发表的第一篇关于 RDTN 的文章中说："网站允许人们上传自己的读数……这样任何人都可以快速直接地了解到现实中发生了什么"（"RDTN. org"）。在另一个在线新闻网站 Singularity Hub 上，亚伦·萨恩斯（Aaron Saenz）在文章中表达了类似的态度："如今出现了很多众包辐射地图，试图及时提供最新的可能受事故影响区域的辐射威胁等级……这预示着不断发展的科技将有助于我们实时监控任意地点的任意事件"（"Janpan's Nuclear Woes"）。在萨恩斯和邦纳看来，像 RDTN 这样的辐射网站之所以能利用及时性和现场性特质提升它们的可信度，是因为数据采集者在时间和空间上都与风险接近。两位作者都认为，这些功能特质均源于网站的平民化本质，可以利用公众的力量来收集信息。

　　上文中对 RDTN. org 早期新闻报道及其自身使命特征的简短概

述表明，该组织自我评价并积极提升可靠性的方式与其在在线媒体中表述的方式不太一致。尤其在于，媒体似乎将网站数据的可靠性和客观性归结于它们的来源——居住在辐射风险区的普通公众。当然，事实上该网站提供的 80% 的信息都来自日本政府。① 至于剩下的 20%，不确定其中究竟有多少是来自完全和当地政府或学术机构无关的个人公民。在其网站上，RDTN.org 致力于建立该组织的可信度，但不是通过突出风险报告者的及时性或第一手经验，而是通过强调风险信源的多样性。这就引发了一个疑问：为何网站的价值理念如此容易被误解？尽管开发者努力解释该网站的价值在于信息的多样性，但在新闻报道中"众包"框架的突出地位被掩盖。这一叙事框架由于政治运动而变得流行并且在福岛事故发生时仍在展开，并成为"在线社交网络推动公民参与"这一叙事的典型。在这种叙事中，公民通过直接对抗主流公共机构并在网络上记录他们发起的事件，将权利掌握在自己的手中。在这一时期，与 RDTN.org 有关的 11 个新闻故事里，有 10 个的标题都包含了"众包"这个词，这种社会政治叙事的流行可见一斑。

在直接比较 Safecast 和参与收集政治运动信息的其他公民科学工作时，同样也会引发这一问题。例如，美国国家公共电台（NPR）评论员理查德·诺克斯（Richard Knox）在谈到 Safecast 时明确指出了这一点："上次我们检查了 RDTN.org 上约有 100 个数据点来自公民科学家、日本官方信息源以及一个名为 Pachube 的数据集合网站……毫无疑问，众包是一个很好的途径，能通过埃及开罗解放广

---

① 这一估计是基于伦敦交互式设计师和软件工程师张海燕的计算得出的，她当时也在建一个辐射可视化网站，并与 RDTN.org 共享数据。2011 年 3 月 24 日，她在《大西洋月刊》网站的一次"当众包遇到核能"的访谈中，给出了这些估计。参见 Zhang。

场、伊朗德黑兰和利比亚班加西的人们在网络上输入内容来弄清楚实时发生的事情。但涉及技术数据时……是否会需要一些公民科学家可能不具备的专业知识呢？"（"Citizen Scientists"）。

　　在上文中，诺克斯明确将报道政治运动时的新闻信息众包与Safecast 的辐射测量数据众包之间建立了明确的联系。不过，他对两者间的比较进行了限制，认为虽然众包是有关社会政治活动的宝贵信息源，但在应用于像辐射水平这样的技术主题时，并不应该被认为具有可靠性。诺克斯对比 Safecast 和政治运动记录事件的民众后所作的批评，表明众包框架在何种程度上影响了他对 RDTN 的看法。诺克斯对于众包辐射数据可靠性的担忧忽略了他自己断言的一个基本事实，即 Safecast 这里的"众"是包含"日本官方信源"主体的。假设诺克斯确实没有暗示官方信源不具备收集辐射数据的资格，那么他对于"公民科学家的专业知识"的评论表明"众包"框架主导了他对RDTN 的定性。这一框架似乎引导诺克斯相信，RDTN 的民众与政治运动的民众一样，拥有的是经验性的而非"贡献性"的专业知识，换句话说，他们拥有的是身为事件直接见证者所具有的非技术可信度，而不是经由规范的科学知识生产所形成的技术可信度。众包框架所产生的影响不只局限于诺克斯。实际上，它引发了众多类似的针对RDTN. org 数据质量的质疑，以至于 Uncorked 工作室的大卫·埃瓦尔德不得不直接站出来回应这个问题。他在一篇名为《开放对话》的博文中回应了关于该网站的许多疑问，他写道："我们了解这类数据的敏感性质，对此我们并不讳言。众包毫无疑问是媒体中的一个时髦词，它同时也意味着，未经过滤的数据正在被提取，并作为事实显示"（Ewald）。

　　把 RDTN 描述成一个"众包"组织，尽管出自大多数媒体专家的好意，即意图正面褒扬网站的专业知识和优点（实际上错误的），但也引来了像诺克斯这样的批评，他们认为在提供有关辐射风险的正确信息时，民众并不可靠。在诺克斯的报告中，他通过质疑数据来源的可靠性来质疑网站风险陈述的有效性。他评论道："上次我们查明 RDTN.org 上约有 100 个数据点集来自公民科学家、日本官方信源以及一个名为 Pachube 的数据集合网站。这是个好主意吗？还是说这只是"错进，错出"的新例子？"（"Citizen Scientists"）。"错进，错出"这一问题表明，诺克斯质疑 RDTN 的首要问题是数据质量。而这个数据问题的核心同时也是对数据收集者的可信度或品格的批评。比如，在说到"但涉及技术数据时……是否会需要一些公民科学家可能没有的专业知识呢？"时，诺克斯使用了"公民科学家"一词，将有资质的专家和外行公众在科学上划清了界限。此处，诺克斯将"公民科学家"与"技术数据"相对照，意在说明前者缺乏足够的专业知识来生产后者。此外，他还将公民科学和政治运动的信息众包进行了类比，表明公民科学家的权威来自他们在特定社会政治背景下的经验参与，而不是他们对事件的冷静而规范的观察分析。

在媒体根据"众包"框架宣称对 RDTN 理念进行批评时，该组织的创始人也开始了反击。他们自己提供了对网站贡献者的道德表征，试图将他们重塑为严格遵循科学程序以确保数据可靠性的半专家，以及与专业知识有关联的人。线上媒体首次出现这些道德防御策略是在对马塞里诺·阿尔瓦雷斯的采访中，采访时间分别是 2011 年 3 月 30 日和 4 月 1 日。在采访中，阿尔瓦雷斯通过限制参与者规模并将组织重新定义为"公民科学"而非"众包"，来努力捍卫 RDTN 及其贡献者的可靠性。出现在 3 月 30 日访谈中的策略在《新科学家》（New Scientist）杂志中首次亮相，与阿尔瓦雷斯进行讨论之后，科技记者雅各布·阿伦(Jacob Aaron)解释道:"用盖革计数器测量放射性是一项相当专业的活动,所以与其他合作网站相比,RDTN 的'人群'基数更小并且更适宜这类工作"("Japan's Crowdsourced")。正如阿伦报道中所评论的,阿尔瓦雷斯意在说明为 RDTN. org 提供众包数据的公民是专业的,即仅限于那些具有规范测量辐射数据经验的人。虽然这里的论点是同义反复,表述为"RDTN 的贡献者从事的是专业化活动,因此,他们是专家",但毫无疑问,其目的还是试图为 RDTN 的贡献者树立专业的或半专业的形象,将他们与那些缺乏成员身份标准的众包从事者区分开来。

两天后,在 Far West FM 电台的采访中,阿尔瓦雷斯对 RDTN 参与者专业知识的捍卫则更为直接和详尽。在这次采访中,阿尔瓦雷斯清晰地给出了他对于公民科学家的定义。该定义的目的在于把"众包"框架从他的组织活动中完全剥离出来。主持人戴夫·布鲁克谢尔(Dave Brooksher)开场就介绍了"众包"与"公民科学"之间的区别,这正是阿尔瓦雷斯想要说明的。他说:"RDTN 是一个新兴的辐射监测网络,它可以帮助人们实时获取全世界的辐射水平数据……众包让这个网站颇负盛名,但阿尔瓦雷斯发现这个说法有些不够准确"("RDTN. org Peer-reviews")。布鲁克谢尔介绍完之后,阿尔瓦雷斯立刻反驳了该网站是在从事众包工作,他将 RDTN 的贡献者描述为公民科学家:"具体来说,为网站做出贡献的人更愿意将自己视为'公民科学家'……这些人无论通过专业方式还是业余爱好方式,都是以学术方式来获取辐射数据的"("RDTN. org Peer-reviews")。

值得注意的是,阿尔瓦雷斯在定义中通过将 RDTN 的参与者描述成"公民科学家",试图为他们的正确判断力进行辩护。这与诺克斯背道而驰,诺克斯使用该术语时,强调了一种潜在的悖论或者挑战，即群体内的成员能否合理合法地获得科学家的头衔或专业知识。在阿尔瓦雷斯的定义中，RDTN 公民科学家的专业性源自他们获取数据的方法，因为这种方法是"学术性的"。同时，他还将其中的一些人称为"专家"，试图以此论证他们的"贡献性专业知识"。尽管做出了这些努力，阿尔瓦雷斯也很清楚，自己对这种形象的塑造和推动能力很有限。这也就是为什么他在描述贡献者时使用了半专家标签——"业余爱好者"。他在采访的后半部分还坦率承认，该网站的贡献者并没有与辐射直接相关的专业知识："我们既不是核专家，也不是健康学家。"不过，在道出这一事实后，他又努力强调 RDTN 公民科学家的权威，突出他们与知名的机构专家互有往来，且有审查知识的专业经验。布鲁克谢尔解释说："数据在公开之前都经过了审查。他们（RDTN）与科学界和学术界的成员取得联系，并由他们对（辐射）读数进行同行评审"（"RDTN. org Peer-reviewers"）。

成为 Safecast 之前，RDTN. org 在其发展的初始阶段主要专注于数据可视化，而不是收集福岛核事故后的辐射数据。网站的开发者将其定义为一个民主化的在线空间，来自公民或公共机构的辐射测量信息可以协同构建一个多元信息库，依据这些信息，网站使用者就可以自行得出关于福岛核事故后日本辐射风险状况的结论。尽管 RDTN 努力基于信息的多样性和包容性来证明网站的优势，但媒体却选择使用"众包"框架来形容它，并将其可靠性归结于大众的品质——没有政治动机，却具有即时的空间/时间风险体验。这些描述支持了这样的一种观点，即大众提供的风险数据比公共机构对辐射水平的记录更加可靠；然而，这也引来了一些批评，指出该网站的数据来源是非专家群体。RDTN 的创始人认为他们有必要利用道德诉求来捍卫网站贡献者的可信度。通过将网站贡献者描述成"专业人士",他们努力把这些人与其他从事众包的大众区分开来。此外,通过把网站贡献者同科学家及审查数据的科学实践联系在一起,他们不断地强化这些人的专业形象。尽管如此,他们无法回避如下事实,即 RDTN 仅从事数据表征,却不参与数据收集,这一事实本身就弱化了他们上述的各种努力。他们无法在不失去所有可信度的情况下对"贡献性专业知识"提出无条件的诉求。这就导致他们不得不依赖于诉诸半专业知识或关联专业知识这种非技术性道德诉求来捍卫他们的理念。然而,随着 RDTN 向 Safecast 转变,它的组织行为也从数据汇总变成了数据收集,这就从中衍生出了一种全新的道德辩论运动,其中诉诸"贡献性专业知识"和"互动专业知识"的毫无保留的技术性道德诉求发挥了核心作用。

第二阶段:Safecast 与传感网络的发展

正如前面部分所示,互联网在转变公民辩论中发挥着复杂的作用。虽然互联网使得 RDTN 能够创造并广泛传播可视化的辐射水平,这是前互联网时代的外行人从未做过的,但 RDTN 仍然依赖于非技术性道德诉求来捍卫其理念和风险表征的可信度。该团体现有的说服手段从非技术性道德诉求扩展到技术性道德诉求,需要的不仅是创造和广泛传播可视化辐射水平的能力,更多是互联网的帮助以及组织自身的努力。这要求技术及其用户都参与到科学的数据收集实践中。前面的章节已经详细说明,2011 年 4 月是 RDTN 这个联盟转变的节点。到 4 月中旬,该组织又吸收了秋叶和其他几个致力于在东京创建辐射传感器网络的东京黑客空间的成员。到月底时,这个扩充后的组织更名为 Safecast,并宣布它的主要任务是收集和表征辐射风险数据。通过主动了解辐射测量方法并创建新的测量设备，Safecast 的成员为自身开辟了新的技术道德论证路线。

α, β, γ, 和相互的善意

一项对 Safecast 自 2011 年 4 月创立至 12 月期间的数据收集工作的媒体报道的评估显示，该组织在辐射测量中使用的方法和工具，开辟了新的技术道德论点，这被该组织用于评论其他机构的辐射风险报告和提升自身努力的价值。这份评估报告表明，在两个领域内，他们对科学实践和方法的参与促进了该组织对自身的表征及其所批判的公共机构信息源的认识。这两个领域包括尚待测量的电离辐射类型，以及应进行测量的规模或范围。

在从 RDTN 向 Safecast 的过渡中，辐射及其测量主题发生了明显的转变，从"一手资源知识"变为"贡献性专业知识"，与此同时，出现了新技术道德诉求到方法透明度的问题。从有关辐射测量讨论的变化中，我们可以见证"一手资源知识"向"贡献性专业知识"的转变。RDTN 网站早期发布的有关辐射的内容完全是转发主流科学资源的辐射数据。例如，2011 年 4 月 7 日，麻省理工学院原辐射与健康物理学教授杰奎琳·扬奇（Jacqueline Yanch）发布的一篇关于辐射危险性的帖子就代表了这一时期产生的讨论。这篇帖子为 RDTN 网站的访问者提供了简单易懂的各类电离辐射（α, β, γ）的概述知识，解释了它们的危险性，以及对危险性的误解（"Background Information"）。尽管这篇帖子证明了该组织拥有对各类辐射的"一手资源知识"，也通过解释其中的细微区别表达了对受众的善意，但它并没有"贡献性专业知识"的证据——既没有细致讨论该组织在具体领域知识生产实践中的参与，也没有谈到该组织对这类实践的详细理解。

但是，在 2011 年 5 月 5 日的一篇博文中，Safecast 的肖恩·邦纳表达了从"一手资源知识"向"贡献性专业知识"的转变，他介绍了该团体测量不同种类辐射时采用的方法："我们目前使用的传感器敏感度很高，它能够接收到 α，β 和 γ 辐射，这与其他设备存在差别，有的设备或者获取读数完全排除了 α 辐射，或者只关注到高能量的 γ 辐射"（"Alpha，Beta，Gamma"）。在这段评论中，邦纳通过凸显他们测量仪器的敏感度和辐射评估的综合性来强调 Safecast 辐射测量的可信性。与此同时，他还暗示公共机构在测量实践和风险陈述存在的问题，指出他们或者没有测量不同类别的辐射，或者测量后却不公布。他的回应表明，该组织在测量实践上的认识已经超越了业余范畴，同时也说明该组织正努力参与到关于这类实践的专业批判话语中。Safecast 在维护自身努力的可信度和重要性时，很多时候都使用类似的关于辐射测量和报告的批判性话语。例如，在 2011 年 6 月 24 日举行的麻省-奈特公民媒体大会上，Safecast 的发起人之一伊藤在以 Safecast 为主题的报告中，强调了日本政府对电离辐射变化的无视，从而对公共机构的制度性用语发起了尖锐的道德抨击。在一篇介绍伊藤的大会报告的博文中，伊桑·祖克曼（Ethan Zuckerman）指出："伊藤告诉我们，大多数盖革计数器并不测量 α、β 和 γ 三种辐射。一般它们只测量 γ 辐射，因为这是大多数人所关心的。但是散发 α 粒子和 β 粒子的同位素一旦被摄入将会十分危险。日本检查人员喜欢使用 γ 探测器扫描袋装大米，然后骄傲地宣布大米不含 γ。这是毫不相干的，问题在于食物中可能含有释放 α 粒子和 β 粒子的同位素。伊藤认为整个国家都受害于"辐射盲"（"Mohammed Nanabhay"）。

　　这里，伊藤被认为是直接抨击了日本官方检测粮食方法的技术术语，因为他们检测时只查了 γ 辐射，但 α 辐射和 β 辐射其实同样危险。在他的报告中，这种批评同时也为 Safecast 专业知识提供了论据。在伊藤的报告中，他简明扼要地描述了 Safecast 所使用的各种传感器，以及他们为分别检测三种不同的辐射所做出的努力之后，紧接着就抨击了政府（"Rock in One Hand"）。

对于 Safecast 实践智慧的技术性道德诉求建构还包含第二条与善意密切相关的道德论证。这一论点诉诸方法论透明度，以两种方式支撑起 Safecast 的工作以及对日本政府的批评。首先，Safecast 解释了他们的测量方式，使风险评估中起到重要作用的一种技术流程变得明白易懂，从而展示了对读者的善意。其次，通过他们的解释，他们还揭示出公共机构信源未能正确教育公众及其代表，最终导致"辐射盲"的风险。这种教育的缺乏并非由于政府不具备专业知识：他们知道可以检测到三种不同的辐射。相反，这其实是一种善意的缺失：他们忽视了培训他们的代表掌握恰当的测量方式，而这样做的结果就导致公众不能清晰了解到辐射的风险。这种对方法论透明度的技术道德诉求与早期 RDTN 采用的方法论形成了鲜明对比。在 Safecast 的早期阶段，他们并没有基于对政府方法论的批评或对自身方法的褒扬做出任何实质性道德争论。此处 Safecast 利用方法论上的透明度来批判政府精神这一事实表明它认识到了论证其公民科学的努力时提供理由方面的价值，并且已经能够跨越非技术性与技术性论点之间的鸿沟，自由地驾驭两者。

尽管 Safecast 的道德诉求验证了从"一手资源知识"到"贡献性专业知识"的转变，但这里的"贡献性专业知识"与柯林斯和埃文斯所提出的与科学家相匹配的专业特征不尽相同。对于他们而言，科学"贡献性专业知识"通常是"让获得它的人能够为专业知识所属领域做出贡献"（*Rethinking Expertise* 24）。具体来说，它使得他们能够通过检验假说或回答研究问题来提升该领域的科学知识。如果这才是"贡献性专业知识"的定义，那么 Safecast 及其成员，也就是这些拥

有数据收集经验和测量实践知识但自己并不从事具体科学研究的参
与者，如何将自身纳入这一框架中呢？如果我们把"贡献"的概念分
成"分析"和"技术/信息"贡献，那么像 Safecast 这种情况可在其中找
到一席之地。"技术/信息贡献性专业知识"这一子类包含了像
Safecast 组织的工作，他们已经获得了专家级的程序和方法，并获得
了数据收集方面的经验，但他们的贡献主要受社会需要引导，而不是
出于科学需要。他们获得专业知识的目的是解决那些由技术科学风
险引起的公共问题，并要求他们了解科学信息、方法和技术。一方
面，这些特征将他们从那些可能收集技术知识或规范，并且追求私人
利益而非社会/科学利益的业余爱好者或热心者中区分开来；另一方
面，这些特征又让他们与"分析型专家"有所区别，这类人从属于某一
专家共同体，对他们而言，社会的紧急需要次于或者等同于新科学知
识及实践的发展。

　　Safecast 的历史和在主流媒体中的表征说明，相较于"分析贡献
性专业知识"，"技术/信息贡献性专业知识"更符合他们的活动内容。
Safecast 的历史沿革证明，社会需求在该团体的使命中扮演了重要角
色。正如前面章节讨论到的，Safecast 的成员之所以变成了辐射方面
的专家，是因为他们所爱之人遭到了辐射风险的威胁。随着他们信
息传感网络的不断发展，他们的实际动机也从帮助家人朋友了解辐
射风险扩展到了帮助全部日本公民。当他们积累了大量数据来处理
关于辐射风险的社会紧迫性，他们开始考虑自己的活动对科学有着
潜在的贡献。然而即便那时，他们还是认为自己的活动是信息性的
而非分析性的。这种认知贯穿于对小组活动的报告中。例如，在
NBC 新闻报道"日本公民科学家绘制 DIY 风格辐射地图"中，记者阿
曼达·莱辛格（Amanda Leitsinger）如此描述 Safecast 的目标："他们

汇集了地图上数以千计的辐射读数，并希望有一天能为研究本次核熔毁影响的研究人员提供宝贵的资源"（"Japan's Citizen"）。这里莱辛格把 Safecast 描述成了科学家研究本次事件可资利用的信息资源，而不是一群拥有科学议程的研究者。这种形象随后又被 Safecast 志愿者布雷特·沃特曼（Brett Waterman）的一篇文章加以强化，他解释说："在 10 年或 20 年的时间里，你无法回到福岛事件发生后的三个月去了解当时的数据。但如果你现在开始记录，并且在未来的几个月甚至几年中坚持记录，那么从科学或社会的角度来讲，我们就有了一个可以参考的数据库"（qtd. in Leitsinger, "Japan's Citizen"）。

在这些话语中，沃特曼将 Safecast 的目标描述为创建一个辐射测量资料库，以便科学家和社会利用它获得关于辐射风险的结论。在他的解释中，没有任何信息表明该组织将收集数据作为一部分单独的分析议程。通过强调数据收集活动、暗示这些活动足够规范并能为科学家产出有效的数据，沃特曼和莱辛格都凸显了 Safecast 的"贡献性专业知识"。然而，他们的陈述表明，Safecast 的贡献应归属于"技术/信息贡献性专业知识"的范畴，因为该组织的数据收集活动尽管是规范化的，但与研究议程或科学界的特定学术对话无关。

公共机构对 Safecast 的回应

随着 Safecast 数据收集活动的强度增加，并发起了对日本政府的技术性批判，可以自然地预见日本政府会努力捍卫自身权威，并对该组织进行反击。在政府对 Safecast 工作的唯一一次直接回应中，文部科学省的代表赤坂直树（Naoaki Akasaka）如此描述政府对该组织工作的态度："我们认为从多种信源获取有关其居住地区放射性污染水平的大量信息是很有好处的，但我们从不推荐特定的信息来源"（qtd. in Leitsinger, "Japanese Government"）。在谈到 Safecast 工作的有益之处时，采用了"多总比少好"这样的定量描述，政府在肯定该组织努力的同时，避免了对他们数据质量的认可。相对于该组织对政府使用的"辐射盲"这样的尖刻指控，这一回应显得异常克制；然而，考虑到日本政府被要求对该组织的努力发表评论的社会政治背景，这个慎重的回应又似乎是一种巧妙斟酌后的修辞举动。

　　日本政府之所以没有决定公开抨击 Safecast 或令其名誉扫地，背后可能有多种原因。其中之一可能是在福岛核事故之后，政府自身对辐射水平报告的记录就存在诸多问题。例如，它未能发布或使用 SPEDI 生成的预测，来指导最初的疏散计划。SPEDI 传感系统在核事故发生后的几天时间里，能够详细追踪日本境内放射性沉降物释放路径。结果，核电站北部完全位于辐射流释放路径上的村庄被认为是安全的，并被作为疏散地点（Onishi and Fackler）。除了将公民置于危险境地，日本政府还不公开核反应堆堆芯熔毁的证据，直到数月之后才被发现；同时日本政府还将当地学校的辐射限制水平从 1 毫希调整到了 20 毫希，从而限制学生人口迁移，这些都数度引起民愤（Aoki）。在 6 月初，也就是莱辛格采访文部科学省前一个月左右，民意调查显示 80% 的日本公众不相信政府对这场危机的言论（Krieger）。在这种背景下，政府避免对其他从事辐射监测的组织进行道德攻击似乎是合理的，更不要说像 Safecast 这样拥有民主化色彩的草根团体。这或许也部分解释了为什么 Safecast 代表在批判政府理念时采用了更为强硬且咄咄逼人的态度，而不是仅限于捍卫自身项目的技术可信度。

　　尽管日本政府官员在评论 Safecast 的风险评估时保持了克制，但在《日本时报》（Japan Times）上发表的一篇不那么直接针对该组织的文章中，对公民测量辐射的努力进行了较为激烈的抨击。其中

《专家认为：把辐射监测交给我们，外行只会用错误读数散播恐惧》一文捍卫了政府辐射数据收集工作的可信度，并对非专业人员自行测量辐射进行抨击。该文抨击非专业人员辐射测量活动的核心，在于他们的测量设备和测量方法与政府的对比。近畿大学放射学教授若林源一郎（Genichiro Wakabayashi）在接受文章采访时说，非专业人员在测量时常常依赖"网上出售的便宜易操作的设备，（这些设备）有时会显示异常高的辐射水平"（qtd. in Matsutani）。这些设备与日本政府使用的"大型、昂贵、高质量的设备"形成鲜明对比，后者可以"比小型、便宜的设备更精确地确定辐射水平"（Matsutani）。

这种基于设备质量对非专业人员辐射测量的有效性进行的挑战，是对 Safecast 所做的捍卫自身测量实践可信度的论点形成了辩证对比。实际上，Safecast 选择诉诸"技术贡献性专业知识"的道德诉求本身就是对松谷（Minoru Matsutani）文章中论点的直接回应。Safecast 的谷歌讨论区上的会话表明，该组织的成员阅读了这篇文章并进行了回应。通常该讨论区上的大多数新闻只有一两条评论，但这篇文章的讨论却有 15 条评论（"Experts"）。虽然这些评论大部分仍围绕着 Safecast 的理念和如何保护它，但有些评论直接回应了这篇文章所谓的该组织"低质量设备导致高辐射水平读数"的批评。在这些回复中，主要的言论是：或许非专业人员的测量读数很高正是因为他们的测量设备和测量方法比政府的更复杂精密，而不是更差。例如，东京黑客空间的秋叶在进行回应时，就使用了这种辩证式的反击："你们让像本文作者这样的人担心大众的读数比政府盖革计数器上的常规数字更高，这本身就会引起恐慌。从另一方面来说，他也该问问自己，为什么那些数字会比政府发布的常规数值更高。如果高能量的 γ 辐射是唯一需要担心的，那么数字应该不会有任何不同"

［"Re：（Safecast Jpn）"］。通过声明"如果高能量的 γ 辐射是唯一需要担心的事情"，秋叶指出政府测量实践的主要问题之一在于他们没有考虑到低水平的 α 辐射和 β 辐射。这种疏忽既可能是辐射测量方法导致的，也可能是所使用测量仪器所造成的。基于这一推理，秋叶将批评非专业人员辐射测量者获得更高的风险测量读数是因为他们的设备质量差，转回到政府作为对其测量设备和实践质量的批评。这种辩论词句在秋叶这里以及 Safecast 其他成员话语中的出现表明，通过参与数据收集，他们能够并且确实在频繁地利用诉诸"技术贡献性专业知识"的技术性道德诉求和方法论上的透明度来捍卫他们的辐射收集工作，并抨击日本政府的相关工作。

高尚品质与诉诸大数：当你拥有公理时，谁还需要资格证明呢？

除了批评非专业人员所使用的测量设备质量外，公共机构代表还通过攻击他们对辐射测量的长期承诺来质疑风险报告者的专业知识和特质。这种定性攻击威胁到他们所收集的数据的可靠性。为了回应这类批评，Safecast 的成员转向了诉诸高尚品质的技术道德诉求。

公共机构对非公共机构测量员的承诺与可靠性进行的批判，以及 Safecast 对批评的回应见诸各大主流媒体。例如，在《日本时报》上，近畿大学的若林源一郎教授质疑了非官方机构测量者的承诺。他认为："重要的是，要在同一地点进行长时间的监测来检测辐射水平的变化。所以，来自日本文部科学省的数据终归是可靠的"（qtd. In Matsutani）。相比之下，他认为非专业人员的测量实践是仅出现在危机期间的少量且短暂的活动，而不是长期致力于收集辐射数据：

个人杂志与网络内容，包括个人博客、文章以及个人发布的监测结果，有时会猛烈抨击文部科学省，认为他们发布的辐射结果毫无意义。

但若林表示，短时间的监测没有意义。文部科学省则会每天监测辐射水平（qt. in Matsutani）。

这些评论中形成的对比，也就是非专业辐射测量员进行的易变的短期努力与政府在固定地点进行的长期不懈的测量的对比，使得 Safecast 认为他们必须对这一观点进行回应。在回应中，他们公开辩称，尽管政府在某一市镇的单个地点进行持续的辐射水平读数采集，但并没有详细地报告这些人口稠密地区多个地点的辐射水平。如此一来，该组织可以声明，他们采集的数据正是政府所忽视的，并且对于当地居民而言，他们收集的数据比政府所收集的更为重要。Safecast 的肖恩·邦纳在 2011 年 8 月 10 日接受半岛电视台（Al Jazeera）采访时，对这两种呼吁进行了生动的阐述：

> 肖恩·邦纳……告诉半岛电视台，Safecast 的志愿者目前已在全日本记录了超过 50 万个辐射数据点。
>
> 他表示据他所知，他的团队是唯一一个在各地进行辐射水平跟踪测量的组织……
>
> "这个星期六，我们与一位日本女士进行了交谈，她说从 3 月份开始她就一直给地方办事处和联邦政府打电话，就是想获取一些数据，但她从未得到她家附近的辐射读数。"邦纳如此说道："部分原因就在于，信息根本不存在，政府没有相关信息。"（Jamail）

邦纳这里的论点似乎是在有策略地回应公共机构的批评,即公民测量员无法成为有关辐射风险专业知识的可靠来源,因为他们对辐射风险现象及其测量的关注都是零星的、短暂的。这一回应的辩证特性突出表现在于,要在佩雷尔曼(Chiam Perelman)和奥布莱希特-提特卡(Rucie Olbrechts-Tyteca)提出的两个基本因子或辩论的基本要素框架内进行考虑:定性因子和定量因子。在《新修辞学》(*New Rhetoric*)中,作者将定量因子定义为"因数量原因而肯定一者比另一者好的惯用语句"(85 页)。相比之下,定性因子"在数字的力量受到挑战时才会出现在论证中"(89 页)。因此,定性因子是由于其作为定量辩论的陪衬地位来定义的。为从定量因子角度攻击或捍卫某个论点,论证者可以援引诸如对象、行为、状态或人的本质、独特的、不稳定的或不可弥补的等特征。例如,我们可以利用易变性这个定性因子来反对持续时间这个定量因子,因为"任何受到威胁的事物都会获得巨大的价值:把握当下"(91 页)。基于不稳定性的定性论断与"越多越好"这一基本定量的主张背道而驰。

然而,公共机构信源在《日本时报》中提出的论点,并没有指出外行人不稳定测量因其独特性而更加优越。实际上,情况恰恰相反。他们声称,经久不衰的事物才是独特的,并且优于数量庞大、稍纵即逝、流行的事物。《新修辞学》的作者注意到这种利用持久性定性因子而非定量因子的策略:"除了利用定性因子将独特性定性为原创的和稀有的,还涉及易变的存在,其丧失是无法弥补的……独特性因子的使用呈现了一种完全不同的关联,与多样性形成鲜明对比。这里指的独特性可以作为一种标准,而比起多样性所表现出的定量特征,这种标准具有定性价值……(例如)古代的作者提供固定的、公认的模式,它们是永恒的和普遍的。现代作者……处于劣势,他们无法作为标准，或是不容置疑的模式：现代作者的多样性使得他们在教育方式上处于劣势"（93 页）。在这段对持久性的定性因子的讨论中，佩雷尔曼和奥布莱希特-提特卡解释说，特定现象的持久性是由于一些重要的普遍性质的结果，这些性质是经过长年累月的试验和挑战后，对某一主题的集体意见的协调中产生的。换句话说，经过多年的挑战和测试后仍经久不衰的观点，可以说在质量上优于一个主题的激增的、未经测试的、流行的观点。

佩雷尔曼和奥布莱希特-提特卡提出的互补的定性因子和定量因子理论，尤其是关于持久性定性因子，为确定《日本时报》中公共机构的批评与 Safecast 的道德辩护间的辩证关系提供了一个论证方案。在《日本时报》的文章中，风险的非专业表述被批评为不具权威性，因为这些数据是由一群非专业的初学乍练的测量员们在短时间内获取的，而政府的风险测量代表们则多年来始终在定期测量辐射。为了回应这种基于持久性定性因子的道德批评，Safecast 选择了诉诸大数，这是对志愿者所做辐射读数数量的定量呼吁。尽管不常见，但诉诸大数也被用作诉诸群众的同义词。诉诸群众被界定为一种论证，主张一个命题或者因相信者的数量被接受，或者因为受到群众或暴民的支持而被拒绝[①]（Walton 62）。在 Safecast 的案例中，我建议还是要在诉诸群众和诉诸大数之间作出区分。为实现这一分析目的，这里我将把诉诸大数定义为这样一种呼吁：辩论者在试图证明一种主张的正当性时，是基于人群收集的数据点数量，而不是基于收集数

---

① 道格拉斯·沃尔顿在他的《诉诸民意》（Appeal to Popular Opinion）一书中考察了"诉诸群众"的历史用途，并确定了不少于五种的不同子类型。有两个论点对这一分析有重要意义，一是"随波逐流的论点"，它基于大多数人的信念来确定一个命题的真理。第二个则挑战群众意见的有效性，理由是它是基于情感或无纪律的反思。参见 Walton 62-63。

据的人的数量或质量。将对可靠性的评估从人和人的数量或性质转移到他们收集的数据的数量上,这其实就是一个从主观可靠性的道德因子转移到客观或理性可靠性的过程。在诉诸大数的情况中,可靠性的客观依据被雅各布·伯努利(Jakob Bernoulli)描述为不证自明的中心极限定理,该定理认为,一个事件可计算的由果及因的可能性离该事件真实的由因及果的可能性越是接近,那么所做的试验数量就越多。换言之,在争论的情况下,诉诸大数作为伯努利极限定理的基本原则——数据越多,越接近真相——用于证明数据的可靠性(Daston 238)。

在线上媒体讨论 Safecast 的数据收集活动时,频繁出现诉诸大数这一原则,证明了该原则在 Safecast 捍卫自身理念中的重要性。自四月中旬该组织开始收集数据后发布的 15 篇文章中,这类辩论词句至少出现过四次。[①] 而在四月中旬以前,这种说法从未出现,表明这与 Safecast 进入到数据收集工作紧密相关。在大多数情况下,诉诸大数这种说法是一种抵御对 Safecast 的风险测量可靠性的挑战,这类争论直接指向数据收集者的技术专业性。例如,在 O'Reilly Radar 网站上的采访中,诉诸大数被用于回应作家阿莱克斯·霍华德(Alex Howard)一篇文章中的评论:"就像 Safecast 的项目负责人自己所承认的那样,日本的众包辐射数据确实引发了关于数据质量和报告的合理性问题"("Citizen Science")。在回应这一评论时,阿尔瓦雷斯解释说数据的数量可以证明它的质量:"我们向网站上的所有人明确表示,没错,众包数据中确实会存在谬误……没错,某个盖革计数器可能会被污染,导致测数不准……但我们希望通过建立更多的

---

① 参见 Gertz, Howard, O'Brien, and Prichep。

中心，获得更多的数据，这些异常值带来的影响最终会被消除"
（Howard）。随后 Safecast 的邦纳又重复了相同观点并再次加以强
调："数据多总比数据少更好……默认情况下，来自多个信源的数据
比单一信源提供的数据更加可靠。在不评论任何特定来源的可靠性
的情况下，所有其他的信源都有助于改善整个数据的可靠性"
（Howard）。

阿尔瓦雷斯和邦纳在评论中强调的是，数据集的规模将最终证
明其有效性，并消除由数据收集者"技术型贡献性专业知识"方面的
缺陷和他们测量仪器与方法中的不规范所引发的问题。通过利用诉
诸大数的原则证明他们的努力，Safecast 的代表似乎在利用演绎法把
测量的有效性与测量人员的可靠性分割开来，从而完全回避了人员
资质这个问题。在《修辞学》中，佩雷尔曼在解释演说者和他的行为
为何可能互相抵消时，讨论了这种策略的可能性。他解释说："当一
个人采用一种方法证明一种真理，或是用一种毋庸置疑的方式确立
一个事实时，那么确认该事实之人的性质丝毫不会改变信息本身的
状态。"（Perelman 96）对于佩雷尔曼而言，该"方法"可以包括公理推
理，他和奥布莱希特-提特卡在《新修辞学》中对演讲者-行为关系进
行详细论述时恰恰支持了这一观点："不论演讲者的意愿是什么，也
不论他自己有没有利用"行为即人"之类的联系，他总要承受一种风
险，即听众会将他和他的言论紧密联系起来。相对于演示部分，这种
演讲者与其言论间的互相影响或许是论证中最具特色的部分。在形
式演绎中，演讲者的作用被降到最低程度"（317 页）。

在 Safecast 的案例中，使用诉诸大数似乎试图让任何有关收集
者资质的讨论陷入无效，为此他们声称数据收集者的非专家的身份
与他们数据的有效性之间不应该有什么关系。取而代之的是，根据

中心极限定理这一公理性原理，数据应该通过其众多性来证明自身的有效性。通过这种方式，Safecast 的成员有效利用了技术性高尚品质，尤其是客观性这一优点，来减少针对他们的数据收集者的定性或主观特征发起的道德挑战。在媒体对 Safecast 的描述中也提到，该组织试图根据这些原则来割裂数据质量和数据收集者之间的联系。例如，美国新闻电视网的迈尔斯·奥布莱恩就指出："Safecast 认为人们应该信任数据，并且收集数据的人越多越好"（"Safecast Draws"）。这里的"信任"是可靠性的核心，它内含于数据之中，而不在于收集数据的人。进一步说，在"收集数据的人越多越好"这句话中，我们还看到了对持久性定性因子的直接质疑，其依据是大众的数量及多样性——显然这清楚地引用了更多和不常见的定量。

　　Safecast 使用诉诸大数这一方法来回避关于技术性专业知识的道德议题的行为证明，他们已经不再使用传统的非技术性道德诉求、不再依赖于那些只有外行人才会在风险辩论或思考中表现出来的特质，相反他们更加接近公共机构的辩论风格，频繁利用客观性来防御道德质疑。这种利用客观性品质的策略被修辞学家和历史学家一致认定为制度风险论证的典型特征。例如，卡罗琳·米勒（Carolyn Miller）在她见解独到的论文《专业知识的推定：道德诉求在风险分析中的作用》中研究了美国原子能委员会（AEC）如何利用概率风险分析来规避自身理念问题的一种方式。越南战争和水门事件发生之后，信任危机笼罩了整个美国政府，在这一背景下，美国原子能委员会希望通过为美国民众提供关于核能危险性的概率风险评估来维持他们在技术安全方面的可信度（Miller 189 - 191）。类似地，历史学家西奥多·波特（Theodore Porter）在《信任数字》（*Trust in Numbers*）中表示，随着政府机构的规模不断扩大，官场中密切关系的丧失，在政策讨论中统计数据开始取代性格判断(ix－xi)。

尽管在出现道德危机时，量化和数学化被认为是政府及政府官员的避风港，但据我所知，从未考虑过草根组织会使用这种策略。在此我想指出，尽管 Safecast 并没有利用技术性道德讨论证明自己有"贡献性专业知识"，但他们事实上已经在利用专业知识，也就是本案例中的数学来维护他们的可靠性。由于这种实践对于官方辩论者而言十分常见，但很少见诸公开辩论，因此从某个方面来说，Safecast 是在模仿公共机构的辩论风格，即通过客观性这一品质来建立权威。如果没有在互联网和联网设备的帮助下持续进行辐射数据的收集，Safecast 就不可能做出这种道德诉求。那么，据此可以合理地得出如下结论：使用诉诸大数这种方法要归因于该组织对于"参与性专业知识"上的扩展，尽管这不直接产生道德诉求，但它扩展了他们的辩论词句，如此他们才能诉诸客观性的技术领域，以此来解决困扰他们的数据收集者的资质问题。

结语

用于收集、处理和表示数据的互联网和联网设备的发展，推动了公民科学活动的激增，这似乎使科学家、科学实践和公众之间更密切地联系起来。尽管这种新的接近性尚未带来科学民主化或证实了让民众获得科技专业知识的假设，但在某些方面，它已经改变了公共辩论中公民与科学关系的性质。在 Safecast 的案例中，科学民主化的实现程度似乎比其他大多数案例更深，基于该案例的研究，本章致力于表明，从事数据收集的公民科学们已开始增加机会来发现和使用技术性辩论词句。在案例中，他们的这种扩展可从以下转变中得以证实，即该组织的辩论策略由诉诸半专业知识和关联专业知识的非技术性道德诉求占主导转变为诉诸方法论透明度、"贡献性专业知识"和诉诸大数。这种扩展表明，或许正是由于互联网的可供性，此前理论上的公众争论的障碍——缺乏对科学文化和实践的参与——正在被侵蚀。尽管本章只详细研究了这种侵蚀的一个案例，因此其结论具有局限性，但它鼓励人们更加深入地调查研究互联网对科技辩论的影响和互联网对于改善公众对科技话题的审议提供的可能性。

第四章 关系升温？提升对公民科学理解与认同的收益和挑战

考虑到 Safecast 成员拥有可视化设计与感应装置制造的专业知识，因此 Safecast 组织就成为理想的研究案例，来探讨基于互联网的公民科学如何支撑以公民为中心的风险传播的发展？以及如何提升非专业人员参与科技议题辩论的能力？尽管这些结果构成了数字时代公民科学的重要方面，但还有其他值得注意的问题。其中一个值得研究的领域是：公民科学能否改善公众与科学家之间的关系。本章探讨该主题时关注了如下问题，即公民科学能否有效提升公众与科学家之间的相互认同与理解？公民科学能否为公众提供参与技术领域辩论的途径？由于 Safecast 案例大体上涉及的是公民与科学的一种全新联系，但未提及公民与科学家的关联，因此本章进行了新的案例研究。在这个案例中，公民与科学家合作研究了过去 25 年间最具政治敏锐性的话题之一：气候变化。这项研究也就是地面气象站项目，它是由气候变化批评家安东尼·瓦茨和气候科学家罗杰·皮尔克构思并开发的，目的是调查全美温度测量站的场地条件。通过探索这一公民科学项目引发的对话和争论，本章表明公民科学可以为非专业人员进入技术领域提供机会。然而，这种参与并不一定能在科学家和公众之间建立起共识和善意，因为无论是根深蒂固的社会政治价值,还是双方的认识论承诺,都为这一进程带来障碍。

公民科学及其成果:文献综述

  本章提出的两个主要问题之一——公民科学能否有效提升非专业人员与科学家之间的相互认同与理解? 这并不是一个独立的问题。关于公民科学是否影响非专业公众、科学和科学家之间的关系,以及以何种方式影响的研究,已经在多个领域展开,其中最为著名的是公众参与科学研究(PPSR)和公众参与科学(PES)领域的研究。公众参与科学研究领域的科学家和科学教育专家对于以下课题十分感兴趣:公众参与公民科学项目怎样提高他们对科学的理解,并提升他们认同科学家的能力。在 2009 年发布的报告《公众参与科学研究:定义及其在科学教育领域潜力的评估》(*Defining the Field and Assessing Its Potential for Science Education*)中,作者概括地给出了公众参与科学研究领域的关注点和研究议程。在文中,作者解释称公众参与科学研究来源于 20 世纪 50 年代的公众理解科学运动(PUS),该运动认为"科学、科学家以及其他专家了解并应当确定公众需要学习什么"(Bonney et al. , *Public Participation* 10)。不过,他们澄清,公众参与科学研究在很多重要方面都与饱受诟病的公众参与科学"缺失模型"有所不同,因为它包含以下两个结论:①如果科学与人们的生活息息相关,并且学习过程是交互的,那么人们会具有更强烈的科学学习动力;②聚焦于科学研究过程比关注科学内容更重要。

  研究公众参与科学研究领域的学者从学术考察的角度入手,分析公民科学能否以及如何实现上述目标,他们开发了一套公民科学项目的分类法,用来讨论公民科学家的不同参与模式的优劣和面临的挑战。在他们的评估中，公众参与科学研究领域的学者将公民科学分成三种类别：贡献型项目、合作型项目和共创型项目。在三种项目类别中，"贡献型项目"中的非专业公众与相关科学研究间的互动水平最低。"贡献型项目"与柯林斯和埃文斯提出的"贡献性专业知识"形成了对照，因为在贡献型项目中，非专业参与者赖以发展专业知识的活动并非出于自身兴趣，相反，他们的研究议程及活动计划是由科学家制订的。此外，尽管"贡献型项目"和"技术贡献性专业知识"中的活动都局限于数据采集，但正如我们在 Safecast 的案例中看到的，指定为"技术贡献性专业知识"的项目可以包含一些公民科学家提出的技术或程序创新。第二个类别是"合作型项目"，公众志愿者可以参与数据分析与结果传播。在某些案例中，非专业参与者甚至会提供有关实验设计的反馈。第三个公民科学项目类别是"共创型项目"，公众参与科学研究领域的学者认为这一类型的项目最具交互性。在这些类型的项目中，公众参与了科学研究过程的所有部分——从提出研究问题，到设计数据收集方法，再到传播科学结论和采取行动。这种级别的项目促进了非专业参与者"贡献性专业知识"的发展；然而，它们依然与前一章所描述的公民科学不同，因为它们同时涉及科学和非专业人员的共同需求，而不是仅涉及非专业人员。

基于这些分类方法，PPSR 研究人员评估了不同程度的参与对公众理解科学的影响。然而，这些工作还处于初级阶段，尚未发展成熟。《公众参与科学研究：定义及其在科学教育领域潜力的评估》对公民科学项目教育目标和其他相关目标的实现程度进行了评估，这种综合性评估虽然不是唯一的，但也比较罕见。作者解释说，他们"很快发现……几乎没有任何 PPSR 项目进行过综合性评估，尤其是那些被认定为合作型或共创型的项目"（Bonney et al.，*Public*

Participation 20）。在他们对公民科学的评估中，主要评价公民科学项目在何种程度上实现其教育目标与认同目标，作者总结出这些目标的实现程度与项目类别直接关联。他们认为"贡献型项目"中的参与者在实现公民参与目标方面取得的进展最小，因为参与这类项目的非专业公众已经对科学产生了兴趣，并且这些项目中的活动局限于学习科学知识而不是参与科学调查的过程（46 页）。相反，公民参与最重大的进展来自合作型项目和共创型项目："我们的案例研究表明，那些公众涉及的科研步骤、种类最多的项目，也就是我们所说的合作型项目或共创型项目，在理解科学过程、发展科学调查技能以及改变参与者对科学和/或环境的行为等方面，都产生了重大的影响"（48 页）。

　　尽管公众参与科学研究领域的研究将公民科学的参与方式进行了划分，并提供了一份公民科学项目教育产出和行为结果的粗略概述，但是显而易见，他们的研究缺乏关于公民科学在推动公共辩论和形成科学与科学态度方面的作用。虽然公众参与科学研究领域学者的公民科学分类标准中考虑到了"公民行动"和"社区参与"，但他们避免详细地讨论其政治维度（22 页）。例如，《公众参与科学研究：定义及其在科学教育领域潜力的评估》的作者写道："在我们尝试开发公众参与科学研究模型时，我们审慎地排除了……公众成员理解和影响公共政策的活动，而不是直接参与科学研究的活动"（Bonney et al., *Public Participation* 19）。不过，他们确实提到了公民可以为促进技术领域的争论作出贡献，尽管这种贡献受限于他们为科学家进行研究提供的数据质量："成千上万的人提交了筑巢鸟类的数据、帝王蝶的分布和数量等……这些数据的质量足以用于科学分析，并发表在同行评审的科学出版物中"（45 页）。

公众参与科学研究只研究了公民科学给非专业公众带来的教育关系收益，而公众参与科学①采用的研究方法则提供了包括公民科学的社会政治维度的方法。在 2009 年《专家、听众：公众参与科学和非正式科学教育》的报告中，研究公众参与科学的学者明确了他们进行科学、科学家和公众关系研究的视角，并将 PES 强烈地与公众参与的"公众理解科学"模型加以区分。他们特别指出，虽然 PPSR 学者认为公众参与科学是一个向下的过程，非专业人员需要从科学家那里获得科学知识及科学实践过程中的知识，但公众参与科学学者认为这种关系是双向的。他们进一步指出，参与的最终目标是制订更加有效的公共审议和决策："公众参与科学常常表现为'对话'或'参与'模式，公众和科学家均可以从倾听中获益……该模式的前提是假设公众和科学家都拥有专业知识、有价值的观点和知识，可以为促进科学及科学社会应用的发展作出贡献"（McCallie et al. 23）。

虽然公众参与科学学者并不否认公民科学在科学家促进非专业人员参与科学上的价值，但他们强调这种参与不能仅仅局限在教育领域和改变公众对科学的态度，还应当包含公众针对科技议题的社会行动和辩论。他们坚持认为，与"公众学习科学的需要"相比，研究应更关注"公众从自身生活中带来的能够改进与科学相关的社会问题的讨论的有价值的知识与观点"（McCallie et al. 24）。由于研究重点的转变，公众参与科学对公民科学的探索，就往往聚焦于科学或者非专业调查上，而且这种调查由导致公民行动的科学实践提供信息，并以非专业公众的利益和关注为指导。尽管目前公众参与科学学者

---

① 公众参与科学包括科学技术研究、科学社会学、科学传播和环境正义等领域。

几乎没有对公民科学进行调研①，但现有的案例研究也能说明公众参与科学和公众参与科学研究的研究议程之间的差异。例如，在文章《抵抗之桶：公民科学的标准和效能》中，格温·奥廷格（Gwen Ottinger）研究了路易斯安那州社区活动家使用空气采样桶来引起对壳牌公司化学精炼厂附近社区空气质量问题关注的案例。在奥廷格对公民科学的定义中，公民科学更多的是一种公民导向的研究，而不是科学家导向的研究："采样桶监测是典型的'公民科学'——不是科学家生产知识，知识也不为科学家所用，公民科学既提供了关于当地空气质量的信息，也提出了空气质量评估的新方法"（245 页）。在采样桶监测这个公民活动家案例中，他们利用在科学上获得认可的工具和方法，收集和分析空气质量，这种尝试代表了一种游击科学，其目的是指明现有科学测量程序的缺点，并倡导替代性的科学实践。尽管这些公民科学家的努力最终没能改变科学或官方政治的标准和实践，但奥廷格认为公民科学项目是有价值的，因为它"挑战了监管者用于评估空气质量的标准实践……认定毒素浓度峰值在决定工业排放是否威胁社区健康时至关重要"（245 页）。另有一些环境正义领域的公众参与科学研究者也认为，公民科学是一种挑战制度实践与结论的方式，他们对各种环境下的公民科学影响进行了调研，包括农药监管、PCB 曝光以及替代能源宣传（Ottinger and Cohen）。

通过调查公民科学对政治参与的影响，公众参与科学研究者似乎关注到了公民、科学与科学家关系中的某些部分，而这些却未曾被公众参与科学研究的学者研究过。然而，由于他们只聚焦于以公民为导向的公民科学，忽略了合作式发展的公民科学项目可能在公共

① 参见 Bäckstrand；Ottinger；和 Lövbrand，Pielke Jr. and Beck 的文献。

辩论中的重要性，例如瓦茨和皮尔克承担的项目。进一步说，和公众
参与科学研究学者的研究方式一样，因为公众参与科学学者只对公
共领域辩论感兴趣，所以他们也没有研究公民科学对技术领域辩论
的影响。接下来大家可以看到，对于地面气象站项目争论和话语的
研究填补了目前学术中存在的这些漏洞。这项研究考察了合作型公
民科学，对一名非专业人员和一名科学家共同合作进行的公民科学
研究进行了调研，研究对象是一个重要的社会政治话题：气候变化。
此外，它还带着同样的兴趣探索了公民科学产生的公共与技术领域
的争论和话语。通过调查这些维度，它为当前各类探索公民科学对
公众、科学与科学家关系的潜在影响的研究范围增添了更多细节。
最后，由于研究了公民科学及其结果如何影响话语和争论，它为探索
这些问题的现有社会学与科学方法提供了新的修辞方法论视角。

奇特组合：皮尔克和瓦茨与地面气象站项目

　　研究公民科学的公众参与科学研究领域的学者尝试性地总结
说，一个项目越富有合作性，就越有可能正面影响非专业人员对科学
和科学家的看法和理解。如果我们认可这一说法，相信紧密的合作
有可能将非专业人员引入技术领域，那么通过研究气候变化，批评家
安东尼·瓦茨和气候科学家罗杰·皮尔克之间的合作特点来开始此
项调查就非常有意义。存在这种合作本身似乎令人难以置信，更不
用说涉及高度的互动参与了。然而，这正是地面气象站项目中真实
发生的事。为了理解这种合作的公民科学的发展，我们有必要详细
研究合作双方尝试解决的问题，他们在该问题中个人利益的本质，以
及他们共同努力寻求解决方案的动机。

　　开展地面气象站项目的初衷是为了解决技术科学问题，该问题

与长期以来对地表温度测量中可能存在的偏差的科学探究相关。为了计算美国的地表平均温度,美国国家海洋和大气管理局(NOAA)需要依靠美国历史气候网(USHCN)覆盖下的遍布全国各地的1 221个气象站(Menne,Williams,and Vose 994)。由于来自这些气象站的数据要汇集成为更广泛的数据集,用于评估气候变化并建模,因此测量的准确性就尤为重要。美国国家海洋和大气管理局很清楚这一点,它一直尽力查找并在统计上更正系统中由于测量仪器变更或测量时间变化等情况所造成的偏差。然而,并非所有的偏差都能得到全面的考虑。

其中一个更容易被忽视并且有可能非常重要的偏差,源自单个气象站的场地物理条件可能会对温度测量产生的影响。早在15年前,美国国家科学院(NAS)就认识到个问题,认为在气象站场地条件及其对温度测量可能产生的影响方面缺乏相关的知识积累。在1999年美国国家科学院的报告《气候观测系统的充分性》(*Adequacy of Climate Observing Systems*)中,来自美国国家科学院的作者解释说每一个观测站及其操作特性都应被记录下来,记录中应包含"站点位置、暴露度和环境条件",以便对出现的偏差做出解释(17 页)。美国国家海洋和大气管理局注意到报告中指出的当地的气象站场地条件信息的匮乏,并采取了一定的行动。美国国家海洋和大气管理局引用该报告作为规划建设气候基准站网络(CRN)的一个激励因素,气候基准站网络将会避免因当地环境因素引起的重大测量偏差(NOAA,*United States* 10)。此外,美国国家航空航天局和美国国家海洋和大气局的研究者还致力于远程评估由城市化(城市热岛效应)和土地使用、土地覆盖情况(LULC)变化所导致的场地影响。例如在2001 年发表的一项研究中,汉森(James Hansen)等人使用了夜间光照的卫星数据，来分析确定城市化对测量站的侵袭所带来的可能影响。作者假设，位于光辐射最高的气象站点遭受了最严重的城市化侵占，而位于光辐射最低点的站点则受到最轻微的侵占。他们对卫星数据分析后总结认为，城市化对温度数据造成的偏差不大（大约每百年 0.1℃），但可以就该问题做进一步研究（Hansen et al. 6）。

　　虽然负责采集和研究气候数据的科学公共机构（NOAA，NASA 和 NCDC）都明白场地条件可能会影响温度测量，并且采取了一些行动来调查这些场地条件，但他们的工作根本不够全面。例如，他们没有系统地亲临温度监测站，并获得关于场地条件的一手记录。没有现场的观测，就不可能完全准确地描述场地条件或温度测量中可能出现的偏差。这种信息的缺乏，尽管对于美国国家海洋和大气局及美国国家航空航天局来说并不是项目研究议程需要优先关注的事项，但仍引起了许多气候研究者的注意。其中一位是罗杰·皮尔克，科罗拉多州的一位气候学家。2001 年，皮尔克与一些大多在科罗拉多州工作的气候科学家合作，开始研究一般气候模型能否以及在何种程度上准确反映当地的气候条件。为此，项目研究成员访问了科罗拉多州东部的 11 个长期气象站，并评估了当地气象站点场地条件如何影响这些站点的数据质量。在研究中，他们发现了官方站点描述中的细节错误，注意到目前关于站点场地条件的定性信息，或者说元数据非常稀少，并且很少用在区域气候模拟中。因此，他们认为当地气候建模人员应当明确说明他们模型有效性的局限性，或者努力将更多关于站点的定性信息融入建模中（Pielke et al.，"Problems" 432）。他们的发现可以参见论文《评价区域和局部温度趋势的若干问题》，文章发表在 2002 年的《国际气候学杂志》（International Journal of Climatology）上。

在随后的一篇发表在《美国气象学会公报》(Bulletin of the American Meteorological Society)上相同主题的论文中,皮尔克和他的研究生克里斯托弗·戴维(Christopher Davey)将他们在科罗拉多州东部调查的气象站数目从 11 个增加到 57 个,扩充了他们对气象站场地条件的了解。为了判断气象站的场地质量,他们使用了世界气象组织(WMO)的暴露标准,世界气象组织标准建议温度测量仪器应该离地 1.5 米,并且地面"应当平整……且应充分暴露在阳光和风(不能过于靠近树木、建筑或其他障碍物)中"(Davey and Pielke 497)。为了记录站点的条件,戴维和皮尔克在每个站点"至少要拍五张照片。一张是温度感应器的照片。另外四张则是从感应器角度拍摄的四个基本方位的景象"(499 页)。除了记录站点的场地条件,作者还研究了包含站点现有元数据的数据库表格。[①] 他们的调研表明"完全满足世界气象组织站点暴露要求的气象站仍是少数"(498 页)。由于场地条件存在问题是普遍现象,作者质疑他们是否可能对长期温度数据库带来系统性的偏差？ 为此,他们建议：①美国国家海洋和大气局应考虑将选址不佳的站点从历史气候学网络中移除;②由气候学及气象学研究者"确定场地暴露程度是否存在系统性的高温/低温偏差";③他们的照片记录技术应"被推广到整个美国历史气候网网络以及全球所有用于分析长期温度趋势的地面站"(503 页)。

通过到访站点并记录它们的情况,皮尔克、戴维以及其他有关研究者发现了美国历史气候网及其生成的数据中可能存在的严重系统性问题。由于来自该网络的数据是建立当地、美国乃至国际气候模型的基础,因此皮尔克和戴维的结论可能会影响负责这些测量的政

---

① 这些表格称为 B-44 表格,存放在位于北卡罗来纳州阿什维尔的国家气候数据中心。

府机构的可信度，以及其支持的有关气候变化的结论。考虑到他们研究发现的重要性，负责收集、存储和评估气候数据的联邦机构——美国国家气候数据中心（NCDC）的代表不出意外地回应了他们。或许有些出人意料的是，国家气候数据中心的回应中流露出了一种敌对语气。在刊登了戴维和皮尔克研究结果的同一期《美国气象学会公报》上，国家气候数据中心的代表承认科罗拉多州调查中的站点场地条件令人难以接受，并保证会开展进一步的调查："我们同意美国历史气候网在科罗拉多州东部（可能还有其他地方）设立的一些气象站点在监测气候时存在不当的暴露……改善站点场地暴露度的文档记录，必然会使美国历史气候网的数据库受益"（Vose et al. 504）。但是，他们几乎没有透露国家气候数据中心任何修正这一问题的具体行动细节。相反，他们质疑戴维、皮尔克和其他研究者收集的数据对当前气候模型和数据分析方法提出质疑的观点，他们声称：①在没有进一步调查的前提下，不能将站点场地条件和数据偏差联系起来；②在戴维和皮尔克的研究中，气象站站点样本数目太小，地理范围狭窄，不足以全面描述整个美国历史气候网："他们（指戴维和皮尔克）既没有量化暴露度问题导致的温度偏差，也没有证明那些问题真的能够导致错误的气候趋势。再者，他们的分析只是对全国一小部分地区的气象站场地暴露度的静态评估……换句话说，他们的结果并没有表明美国历史气候网中大量的站点都存在类似的暴露问题"（Vose et al. 505）。

沃斯（Ressell Vose）及其合作者对戴维和皮尔克研究的质疑，一定程度上解释了皮尔克对与他人合作开展地面气象站公民科学项目的兴趣。皮尔克坚信，美国历史气候网选址条件差可能存在系统性问题，并且这个问题可能影响对温度趋势的评估。但是，如果没有考察 1 221 个站点中的绝大多数站点的场地条件，他就无法证明这一点。并且，如果没有大量的数据，就很难进行可靠的数据分析，从而检验场地条件能否以及在何种程度上如何影响温度趋势。在批评声和寻找证据的双重压力之下，皮尔克坚持不懈地进行研究，并在 2007 年就站点场地问题又发表了两篇论文。[①] 尽管这两篇论文并没有突破他以往所做的研究，但其中的一篇论文——《几十年来全球地表温度变化评估中尚未解决的问题》推动了地面气象站公民科学项目的落地，扩大了皮尔克对站点选址条件和温度测量的研究，甚至超出了他自己的预期。

2007 年 5 月 4 日，皮尔克在气候科学博客[②]上发布了对《几十年来全球地表温度变化评估中尚未解决的问题》的概述，并同时附上了原文链接。这个博客是他同科罗拉多州立大学博尔德分校的气候研究小组开展学术交流的一部分。[③] 5 月 7 日，安东尼·瓦茨偶然间读到了这篇博文。瓦茨是博客圈的资深博主，对温度测量和气候变化很专业且个人兴趣浓厚。从专业的角度说，从事了 25 年电视气象工作的瓦茨在天气测量和预报方面拥有一定的科技专业知识（"Anthony Watts"）。他自己有一家公司 ITWorks，专门经营电视与网络天气广播产品。此外，或许是由于其专业经历，瓦茨对气候变化议题也极有兴趣，在个人博客 Wattsupwiththat.com 中经常讨论气候变化议题。在瓦茨的博文中，他对建制化的气候科学及其结论"人类活动导致地球变暖"持批判观点。例如，在皮尔克发表博文前的几个

---

① 参见 Pielke et al. "Documentation" 和 Pielke et al. "Unresolved"。

② 在撰写本文时，该博客的网址是 http://pielkeclimatesci.wordpress.com/。

③ 皮尔克 2005 年从科罗拉多州转到科罗拉多大学州立大学博尔德分校。参见 "Roger A. Pielke"。

月，瓦茨在一篇博文中写道："美国国家海洋和大气局今天发布了2006年的天气记录报告……在报告中他们提到'2006年的年均气温是美国有记录以来最高的'……我对此丝毫不怀疑，也没有异议……但是（说到这个问题）我不认为这与人造温室气体有任何关系"（Watts，"2006 Hottest Year"）。

正是由于瓦茨的气象学专业背景，以及他个人对气候变化的兴趣，他理解皮尔克2007年论文的内容并带着极大的热忱接受他的观点。2007年5月7日，瓦茨对皮尔克的博文进行了评论①，说他已经"带着极大兴趣与高度赞赏"读完了他的论文（"Re：A New Paper"）。在评论中，他表示自己同样担忧气象站场地条件对温度测量的影响，并对皮尔克的思考提出了其他问题："您在文中（指皮尔克2007年《几十年来全球地表温度变化评估中尚未解决的问题》这篇论文）已经充分讨论了糟糕且有偏差的气象站场地条件，但还有很多你的读者们可能不知道的例子"（Watts，"Re：A New Paper"）。其中一个问题是气象监测箱从使用白涂料转变为使用乳胶漆，可能就已经对温度测量产生了影响。他在评论中解释说，当他还在普渡大学读大四的时候，就遇到过这个问题，当时他曾问一个教授为什么斯蒂文森百叶箱上要使用明显过时了的白涂料。这个提问让他收获了一场关于白涂料热反射特性的讲座。向皮尔克提出关于涂料的问题之后，瓦茨询问他在这个课题上是否做过研究。皮尔克在博客中回复他，说自己没有做过相关研究，并鼓励瓦茨在《美国气象学会公报》或其他

---

① 这篇博文的标题是"关于最近气温指标和原地近地表气温差异的新论文"（A New Paper on the Differences between Recent Proxy Temperature and In-situ Near-Surface Air Temperatures）。这篇博文引用的评论是通过网络数据站 Wayback Machine（archive.org）获取的，因为现在和以前的评论都被屏蔽了。参见 Pielke Sr. "A New Paper"。

刊物上"发表这个观点"。瓦茨则回应说："真正要做的是一个简单的暴露实验……我很可能会进行实验并尽快报告初步结果。接着（我会研究）一些使用时间很长……并且已经刷过好几层涂料的百叶箱"（Watts, "Re：A New Paper"）。瓦茨和皮尔克之间关于涂料的交流表明二人相谈甚欢，皮尔克对瓦茨的思考予以鼓励，瓦茨则根据科学家的建议采取行动。这种最初的积极互动为后续更重要的合作——共同记录美国历史气候网中的气象站的场地条件奠定了基础。

瓦茨研究百叶箱涂料的决定鼓舞了皮尔克，皮尔克请瓦茨考虑利用其研究来帮助自己，将他访问过的气象站的场地条件其他细节编成目录。他写道："如果你要访问各个站点（来了解涂料），请利用我们在论文（Davey and Pielke 2005）中提到的方法拍摄照片"（Pielke, "Re：A New Paper"）。瓦茨热情地回应了皮尔克的请求，不仅同意访问各个气象站点，而且主动提出让其他志愿者加入这个项目："我将访问加利福尼亚州尽可能多的气象站点，并且我或许能够利用我们公司与众多电视台客户的关系网向全国的天气预报员发出号召"（Watts, "Re：A New Paper"）。这次接触后的几天里，瓦茨履行了他的承诺，他根据戴维和皮尔克 2005 年发表的那篇论文中的方法，记录了百叶箱所在场地的条件。与皮尔克初次交流之后的第三天，瓦茨写下了第一篇博文，记录了加利福尼亚州立大学奇科分校美国历史气候网气象站的场地条件。在博文的开头他解释说："我参观了位于哈根巷的奇科州立大学科研农场……并根据科罗拉多州立大学罗杰·皮尔克博士的要求做了站点调查"（Watts, "Site Survey"）。在确定了他的方法后，瓦茨对站点条件进行了详细描述，包括基本数据如站点的具体地理位置和海拔，以及有关站点物理环境的复杂定性信息，如位置靠近柏油路以及站内的电子设备。最后，按照戴维和皮尔克的方法，瓦茨从气象站的东、南、西、北四个方向各拍了一张照片，进行了图像记录。

皮尔克和瓦茨都没有完全意识到，他们即将进行的事业有多么宏大，但在2007年的5月伊始，这个后来被称为地面气象站项目的全新公民科学实践开始萌芽。项目的目标是记录美国历史气候网网络中每一个气象站点的场地条件。为此，他们建立了网站surfacestaions.org，用来指导如何记录站点，以及发布关于场地条件的图像和数据。这个更大型的气象站点记录项目的创始，发端于参与者共同的兴趣，即站点场地条件如何造成温度测量偏差，以及由于参与者认识到通过相互合作，他们每个人都能克服追求这一兴趣过程中的重大障碍，这更促使他们推动该项目。例如，通过与瓦茨合作，皮尔克能够克服他最大的研究障碍——调研资源的匮乏。国家气候数据中心、美国国家海洋和大气局和美国国家航空航天局都对费时费力调查美国历史气候网地面站的实际情况没有什么兴趣，没有他们的实质性支持，皮尔克无法召集足够的人力去访问和记录美国历史气候网1 221个站点的现状。但是，由于瓦茨商业上的资源和专业能力，以及他在博客圈的影响力，他有条件召集记录美国历史气候网气象站点情况所需的人力资源。

除了上面提到的条件，瓦茨还具备一定的技术知识，能创建一个供参与者交流项目和收集观测结果的在线网站。2007年5月17日[1]，他开始搭建surfacestations.org网站。2007年6月4日，网站投入使用，并呼吁志愿者"对每一个美国历史气候网气象站点进行拍

---

[1] 5月17日是瓦茨初步创建surfacestations.org网站原型的日期。这些信息来自他2007年8月29日的CIRES的演示幻灯片的第13张。参见Watts A Hands On Study。

照、调查并编制目录,从而对美国历史气候网数据集产生的近地表温度数据进行定性分析"(Watts,"Surfacestations. org Is Ready")。在三个月内,就有超过 200 名志愿者进行注册来帮助完成这项工作。[1] 尽管不是所有志愿者都进行了实地观测,但仍有足够多的活跃参与者,他们为瓦茨提供了 331 个站点的数据,这已经超过美国历史气候网气象站总数量的四分之一,而此时项目开展还不到三个月。次年 8 月,他已经收集了半数气象站点的数据。最后一次统计时[2],1 221 个站点中的 1 068 个(约 87%)已接受调查,同时还对 1 007 个站点做了评级(Watts,*Surfacestaions. org*)。

尽管瓦茨能够召集公民科学家来调研美国历史气候网气象站点的场地条件,但如果没有一个严密的系统来记录站点场地条件的信息,他们的工作成果也无法产出对科学研究有益的数据。为了确保数据经得住科学检验,能够运用到科学争论中,就必须依据规范的流程方案来进行观测和检验。皮尔克在项目中的主要贡献在于帮助设计这套方案。《雷诺新闻评论》(*Reno News & Review*)在线发表的一篇文章中,记录了这位气候学家参与项目这部分工作的证据。在名为《瓦茨,我的担忧?》(*Watts, Me Worry?*)这篇文章中,作者艾文·图科斯基(Evan Tuchinsky)报道称,根据瓦茨的说法,"网站surfacestations. org 包含了一系列为观测者制定的标准,为此他还咨询了皮尔克"("Watts")。在 surfacestations. org 网站上,瓦茨提供了如何进行气象站场地调研的具体方案。这些方案正是戴维和皮尔克2005 年的那篇论文中所使用的方法。方案包括记录 GPS 位置、站点

---

[1] 参见 Watts "Another Milestone"。
[2] 地面气象站项目网站最后一次更新日期是 2012 年 7 月 30 日。

海拔以及测量仪器的高度，还包括拍摄"显示气象站数百英尺内的事物"的照片，以及从四个方位拍摄的站点照片。此外，观测员还被要求测量"影响物距离遮蔽物（也就是气象监测站）是否小于或等于25英尺"（Watts，"How to" 2）。这里的"影响物"指的是可能干扰平坦地形的树木或人造结构，或者"放置不当"的事物，如那些可能造成温度测量误差的空调、停车场或蓄水池。

　　除了设计场地记录方案外，皮尔克还给出了依据站点特征进行站点质量评级的标准。① 地面气象站项目使用的站点评级标准是由法国气象局（Meteo-France，法国最高气象研究机构）的米切尔·勒罗伊②（Michel Leroy）开发的，但被美国国家海洋和大气局用于建立气候基准站网络③。在美国国家海洋和大气管理局2002年的《气候基准站网信息手册》（*Climate Reference Network Site Information Handbook*）中，列出了站点评级标准，其中"1"最好，"5"最差。评定站点为"好"（评级1和2）或"差"（评级3、4和5）的主要标准是温度感应器与人工热源的距离。场地条件好的站点周围30米内都没有人工热源（停车场、空调和蓄水池等），而场地条件较差的站点10米内就有热源，或者甚至感应器就在热源边上（NOAA *Climate* 6）。通过将测量仪器与人工热源的距离作为站点调研的一部分，瓦茨能够把美国国家海洋和大气局的标准应用到志愿者提供的站点调研数据中，从而评定美国历史气候网站点的质量。正如我们将看到的，在有

---

① 尽管皮尔克自己不负责提出站点评级标准，但似乎是瓦茨通过与他的某些接触了解到评级体系。瓦茨得知评级体系并开始应用的最初证据出现在2007年7月3日wattsupwiththat.com上的博文"使用新的CRN的气象站选址标准"中。

② 参见Leroy。

③ CRN是一个由原始传感器组成的系统，可以用来检查USHCN网络中位置不佳的传感器数据。

关美国历史气候网气象站点质量及其对温度测量影响的公共和技术领域争论中,这些评定极为关键。

通过研究地面气象站项目的历史与发展,我们既可以理解项目意图解决的问题,也可以了解促使气候学家和气候变化批评家联合开展项目研究的具体情况。该项目最初源于他们的共同兴趣,是非专业人员与科学家为实现一个共同目标贡献自己的重要资源相互帮助的产物。由于双方的共同兴趣和投入,依据公众参与科学研究学者的项目分类标准,这个项目可以合理地被列入共创型公民科学项目。根据合作的性质和公众参与科学研究领域中关于这些合作得出的结论,我们预计这个项目将会提升瓦茨、气候科学和与他一起工作的气候科学家之间的认同。我们同时可以预料到,通过与气候科学家合作,瓦茨将能够参与到关于场地偏差和温度测量的技术领域辩论。对这项公民科学合作中衍生出来的公共及技术领域的话语与争论的修辞学研究表明,该项目在这些领域的结果是复杂的,并且这些结果的多样性可能归结为社会政治和体制的价值观和目标对话语和争论的影响。

一位公民的陈述: 安东尼·瓦茨的《美国地表温度记录是否可靠?》

随着地面气象站项目持续开展并积累了大量站点记录,瓦茨、皮尔克和其他科学研究者开始根据项目结果在公共领域和技术领域开展话语和论证。接下来的几个部分中,我将研究从项目中衍生出来的最受关注的文本: 安东尼·瓦茨 2009 年的报告《美国地表温度记录是否可靠?》(*Is the U. S. Surface Temperature Record Reliable?*)。在报告中,瓦茨讲述了地面气象站项目背后的故事,描述了调研美国历史气候网站点所得到的数据，并根据相关证据得出了关于气候变化的结论。仔细检查报告中的论述和论点可以看出，尽管瓦茨和皮尔克共同合作，构思并建立了地面气象站项目，但是他们的公民科学项目合作并没有让瓦茨对皮尔克在报告中的重大贡献产生认同，他甚至没有意识到这一点。随后的分析表明，瓦茨之所以把皮尔克及其贡献与地面气象站项目高度剥离，有两大原因，一是他个人对气候变化持有的批判观点，二是他那些保守派拥护者对于公共机构在测量长期温度趋势方面的可信度的看法。

政府不作为与公民科学英雄

为了说明瓦茨的价值观和他那些保守派拥护者的价值观可能影响到了他在《美国地表温度记录是否可靠?》中对皮尔克及其在公民科学项目中的贡献的态度，首先需要弄清楚那些价值观的内容。在前面的背景分析部分，我已经谈过瓦茨个人对气候变化的批判观点以及他参与地面气象站项目的个人需求。然而，还有一个尚未回答的问题："一群保守派公众如何理解公民科学项目的价值及其与气候变化辩论的关系?"在瓦茨的报告发表前，保守派媒体就对该项目进行了报道，这为我们回答以上问题提供了重要资源。在项目开始后直至报告发表的这段时间里，互联网和平面媒体共计对其进行了 10 次报道。[①] 分析这些媒体的报道可以看出，大部分报道出现在保守派媒体中，共有 8 篇。而更加仔细地分析这些出现在保守派媒体中的地面气象站项目的文章内容后，就不难发现这些报道离不开两大主题：称颂公民科学家和影射政府不作为。例如，针对该项目的第一

---

① 使用关键词"地面气象站""安东尼·瓦茨""罗杰·皮尔克"对 2007 年 6 月至 2009 年 5 月间 *Lexus Nexus* 和 *Proquest* 报纸的搜索，得到这些数据。

篇媒体报道中，①《匹兹堡论坛报》（*Pittsburgh Tribune Review*）的保守派专栏作家比尔·施泰格瓦尔德（Bill Steigerwald）将瓦茨的项目形容为对政府忽视正确调查其用于收集气象学数据的气象站时的回应。他写道："安东尼·瓦茨……怀疑美国国家海洋和大气局温度数据并不像他们标榜的那样可靠……他已着手去做一件像汉森这样的提出气候变化模型的顶尖科学家乃至任何人都不曾做过的事——对每个气象站进行实地质量检测看它是否规范运转"（"Helping"）。在他的描述中，施泰格瓦尔德说任何人都不曾实地检查过所有的气象站，这是没错的。但是我们要注意到，他没有提到如下事实，即在地面气象站项目开始前的几年，有一些地面气象站已经或是被气象学家（如罗杰·皮尔克）现场勘察过，或是被美国国家海洋和大气局及美国国家航空航天局远程检查过。尽管如此，施泰格瓦尔德还是把瓦茨所做的工作描绘成一名传奇的孤胆英雄奋力揭露政府面对温度数据错误的不作为。

自从施泰格瓦尔德报道了地面气象站项目的故事后，瓦茨和地面气象站项目就引起了保守派媒体的极大关注。在项目首次见报后的几天里，福克斯新闻和德拉吉报道关注到了这个故事，使得瓦茨的网站单日访问量达到了两万次。随后保守派媒体的新闻故事同样援引了"不作为"这个主题，并称颂了公民科学家的价值。例如，在 2007年 11 月 1 日美国哈特兰研究所网站上的一篇文章中，该组织的环境政策专栏作家詹姆斯·泰勒（James Taylor）写道："安东尼·瓦茨……信奉可靠的科学。事实上，正是这种信仰使得他单枪匹马创

---

① 比尔·施泰格瓦尔德的文章发表在 2007 年 6 月 17 日，仅仅是在 surfacestations.org 网站建成后的一个多星期后。

造了一支公民科学家'志愿者军团'，从而确保气候学家能得到关于美国温度记录的最准确的信息。遗憾的是，负责计算国家年均气温的科学家似乎对于获取准确信息没有什么兴趣"（"Meteorologist"）。在泰勒的报道中，不作为和公民科学家英雄的叙事手法均被用来描述地面气象站项目。"单枪匹马"这个词很容易使人把这一行为和英雄主义联系起来，并且"志愿者军团"这种表述把瓦茨描绘成一个带领军队浴血奋战的军事英雄。这场战斗对抗的是气候学家们的一种蒙昧——他们忽视了气象站场地条件对于历史温度测量造成的影响。因此，瓦茨的英雄主义，以及他的公民科学家军团，就与政府的不作为联系在了一起。

尽管保守派媒体称颂瓦茨和他的一众平民主义公民科学家，并影射政府的掩饰行为，但在温和派（或自由派）的媒体中，出现了公民科学家合作与协作的替代主题。与保守派媒体不同，他们的报道保留了皮尔克在地面气象站项目中的作用。第一篇同时提及瓦茨和皮尔克的新闻来自 2007 年 6 月底的中间派媒体①《奥罗维尔信使纪实》（*Oroville Mercury-Register*）。在这篇文章中，特派记者瑞安·奥尔森（Ryan Olson）描述了皮尔克在调查场地条件上所做的前期工作，以及瓦茨和科学家的合作。根据采访皮尔克获得的信息，奥尔森称赞这位气候学家的开创性研究激励了瓦茨的工作："他（罗杰·皮尔克）说瓦茨的工作是为了了解气象站如何收集数据。皮尔克前期的研究已经表明很多气象站的站点场地环境并不好"（"Watts' up"）。

---

① 我对报纸的政治性质的判定是根据奥罗维尔所在的加利福尼亚州尤特郡的投票模式。在 2008 年的选举中，该郡以微弱优势（50%—47%）支持奥巴马总统。在 2012 年的选举中，罗姆尼州长同样以微弱的优势（50%—46%）胜出。我认为报纸能反映出读者的政治倾向，而这种倾向在政治上是可以区分的。参见"2012 年总统选举"和"2008 年总统选举"。

除了承认皮尔克之前的工作之外，奥尔森还强调了公民和科学家之间的合作关系："皮尔克的研究小组有自己的博客。他和瓦茨彼此通信并发布有关对方工作的博文"（"Watt's up?"）。

同样指出皮尔克在项目开发中的作用的还有偏左派的《雷诺新闻评论》。在记者艾文对瓦茨的采访中，提到皮尔克为瓦茨提供了站点评价的方法。此外，他还强调是皮尔克首先发现了该问题，并指出他与瓦茨本质上是合作的关系。他解释说："他（瓦茨）对于官方气象站的调查，以往不是并且现在也不是单枪匹马的。罗杰·皮尔克教授……也在调查美国历史气候网络……研究小组将他的发现发布在了网上，并且他的研究与瓦茨的工作高度契合"（"Tuchinsky"）。

在瓦茨的《美国地表温度记录是否可靠？》发表前，保守派媒体和温和派（或自由派）媒体对于地面气象站项目的报道表明，对于公民科学工作的描述明显有两种方式。在保守派媒体的描述中，"公民科学家是英雄，而政府不作为"成了主流，但对于罗杰·皮尔克、美国国家海洋和大气局以及美国国家航空航天局为调查温度测量装置的场地条件所开展的工作却只字未提。然而在温和派与自由派媒体的报道中，通过采访皮尔克，他们指明了地面气象站项目的合作本质。温和派（或自由派）与保守派媒体在报道中的分歧，为我们提供了一套价值框架，代表了保守派受众对于地面气象站项目重要性的看法。

既然关于公民科学项目的保守派与温和派（或自由派）叙事框架都已确立完毕，我们现在就有必要通过仔细研究瓦茨在《美国地表温度记录是否可靠？》中使用的话语和论证来分析：这些叙事框架是否影响了报道的内容？如果有影响的话是以何种方式产生的影响？他们的参与揭示了瓦茨的报告公开促进公众与科学家之间理解与认同的能力。或许报告的引言部分所使用的修辞方法是最引人注目的，它表明保守派价值观确实影响了瓦茨对地面气象站项目的描述。开篇的"白涂料与乳胶漆"与"三个地面气象站的故事"中，瓦茨讲述了场地条件不当的问题是如何被发现的，作为他对地面站项目及其发现的描述的前奏。通过对开篇部分进行仔细的文本分析，我们发现瓦茨对美国历史气候网站点问题的发现过程的描述与该事件的历史记录大相径庭。最明显的是，他没有提及同罗杰·皮尔克博士的交流，以及这位气候学家为探索气象站站点场地问题和政府机构为调查该问题所做出的努力。

瓦茨在他的报告中省略了皮尔克和政府机构在发现站点场地问题中的作用，证据就是第一部分"白涂料与乳胶漆"中的第一句话。这部分一开始瓦茨就写道："本报告中描述的研究项目纯属机缘巧合。当我研究涂料变化对温度计遮蔽物，也就是斯蒂文森百叶箱的影响时发现了这个课题"（4 页）。值得注意的是，他的开篇语中，将问题的发现一部分归结为巧合，一部分归结为他个人对涂料温度测量的调查。随后这部分的研究叙事中，瓦茨把自己的经验作为了解该问题的唯一来源，没有提到其他任何来源。实际上，对于开头两部分的所有语句的语法成分分析表明，第一人称单数代词"我"共出现了24 次，而物主代词"我的"共出现了 10 次。相反，可以表明与皮尔克进行合作的代词"我们"和"我们的"从未出现过。[1]

通过完全不提皮尔克及其在强调气象站场地条件可能对温度测量带来的影响方面所做的努力，瓦茨重新创造了一个发现问题的叙事，并且他作为一名公民科学家的个人努力在其中发挥了关键作用。

---

[1] 这部分中，人称代词"我们"出现过两次，但是与皮尔克无关（例如，"这是一个很大的区别，特别是当我们考虑到全球变暖是由……引发的"和"然而，我们这里有一个官方气候监测站"）。

这种修改过的叙述表明，利用一点机缘巧合和常识，公民科学侦探瓦茨能够发现一些政府科学家否认和忽视的问题。在第二部分"三个地面气象站的故事"中，通过把场地条件问题的发现归功于他对涂料对温度测量影响的调查，瓦茨提升了他自己以及公民科学家的形象。他解释说："接着（在涂料实验之后），我开始确认美国温度监测网络中的斯蒂文森百叶箱是否都被更换为乳胶漆"（5页）。通过这句话，瓦茨让读者相信，他调查场地条件的动机是他内在的科学好奇心，他对涂料影响温度测量有兴趣。然而，瓦茨与皮尔克之间的交流清楚地表明，尽管瓦茨确实出于对不同涂料对百叶箱温度测量影响的兴趣，才去访问美国历史气候网站点进行调查，但皮尔克才是那个让他意识到场地条件问题并鼓励他开始记录的人。

随着行文进一步展开，瓦茨继续赞扬了自己的调查能力以及推理出美国历史气候网站点中存在的问题，以此提升自己作为公民科学家的形象。他在描述自己访问的第一个气象站，即奇科州立大学气象站时，他表达了自己在发现站点条件问题时的惊讶："第一个气象站已经涂上了乳胶漆，但还有一个令人惊讶的问题是……国家气象局（NWS）在百叶箱里距离温度感应器仅几英寸的地方安装了一个无线电电子设备。毫无疑问，这个站点的温度读数必然会比百叶箱外的实际温度更高"（5页）。

在这份识别问题的记述中，瓦茨的发现一方面受到他对场地条件进行观察的驱动，另一方面，他本身能理性分析这些条件可能对温度测量的影响也起到了积极作用。在这一发现之后，瓦茨没有直接给出关于问题严重性的结论，而是进一步强调了他和公民科学家在经验推理方面的能力。虽然他担心奇科州立大学气象站的情况可能反映了整个美国历史气候网的问题，但他并没有急于下结论，而是在访问了其他气象站并收集了更多问题案例之后才做出判断。幸运的是，他的调查计划中还包括另外两个气象站，让他能有机会收集更多证据。他对第二个气象站，也就是加利福尼亚州奥兰德的观察没有发现任何问题。但是，位于加利福尼亚州马里斯维尔的第三个气象站的场地条件让他相信，恶劣的场地条件很可能是整个美国历史气候网的气象测量站的通病，并且会给整个网络的温度测量造成温度升高的偏差。他谈到在马里斯维尔气象站的经历："当我站在温度感应器边上时，我能感受到附近的手机信号塔设备棚排出的热气向我吹来！我意识到这个官方的温度计正在记录一个热区的温度，在这个区域旁边有大型的停车场和其他能带来温度偏差的建筑，包括建筑物、空调通风口和砖石建筑"（5 页）。亲身体验了温度感应器周围的辐射热量之后，瓦茨的文字表达出他在那一瞬间的理智认识和义愤填膺："我们这里的官方气候监测站，作为'高质量'提供科学研究数据的美国历史气候网网络的一部分，居然在测量一个空调呼呼往外吹着热气的停车场的温度……！"（6 页）。

　　在发现问题的这一刻，公民科学家确确实实孤立无援。通过在叙述中抹去皮尔克和其他研究场地条件问题的政府科学家，瓦茨强调了公民科学家在发现问题过程中的好奇与坚韧，同时说明自身的理性/经验分析能力优于那些未能发现的问题，或者更糟糕的是，了解但未能向公众揭露场地条件问题的政府科学家。后者的失败不仅提升了公民科学家的价值，还对政府准确报告温度数据的诚实或可信度提出了质疑，这又为控诉政府不作为打开了大门。为了维持一种更强烈的政府不作为形象，指出政府明明了解场地条件问题却仍忽视，就有必要淡化皮尔克之前提倡调查问题，以及他诚挚地与像瓦茨这样的非专业人员合作以找到解决方案的努力。如果这样的事实得以呈现,他们就会挑战如下的观念:官方机构一直忽略了对美国历史气候网气象站点条件的科学监测或评估。

在瓦茨对问题发现的介绍性描述中,皮尔克的缺位以及这种缺位导致的结果——公民科学家价值的提升以及政府不作为形象的强化,与保守派媒体的叙事框架十分相近,而与温和派(或自由派)媒体的叙事框架大相径庭。这种一致性表明瓦茨对于公民科学项目的描述反映了保守派观点,并且很有可能受到了它的影响。考虑到保守派媒体,可能还包括它的受众都对地面气象站项目表现出极大的兴趣,那么瓦茨作为一名保守派人士,倾向于把皮尔克从问题发现中剔除出去,来使他的故事迎合他的受众和他们的观点,这一点都不足为奇。这种倾向还可能由下列事实得到充实强化:这份报告的发布者是哈特兰研究所,这是一个对气候变化严重程度和人为活动是否导致气候变化持怀疑态度的保守派智库(Heartland Institute,"Global Warming")。然而,瓦茨选择在问题发现叙事上迎合保守派的框架,这对于公民科学促进公众与科学家之间的认同的能力产生了影响。如果瓦茨尊重实际情况,如实记录他和皮尔克的关系,可能会产生一些积极的影响,但既然他选择了保守派的框架,这种可能性就不再存在。忠实地记录历史,将会突出二者之间的相互支持与协作关系,并揭示他们在维护温度测量系统完整性的共同利益。瓦茨没有选择采用这种描述方式,就说明了价值承诺如何影响公民科学在话语中的表达方式,以及说明了这些表达方式如何阻碍了提升公民与科学家的潜在相互认同。

科学家面前的科学:把科学方法从科学家与科学机构中剥离

尽管瓦茨报告的引言部分故意忽视皮尔克和建制化的气候科学在问题发现叙述中的作用,并以此否认与他们的任何联系,但他的论证主体部分所采用的气候科学的方法、语言，以及同气候科学、气候科学家一致的风格，表明他趋向于认同科学家。这种一致性似乎与他引言部分的策略相悖；但是，如果我们考虑到两件事，那么即便他在论证主体部分认同气候科学和气候科学家，也不会与开篇部分的描述有任何冲突。首先，这种话语转换和文本论证目标的变化相吻合。引言部分的目标是让受众倾向于认同作者和他的结论，而论证主体部分的目标是有力地说明地面站公民科学项目的有效性。由于科学论证的语言、风格和方法本身带有的权威性，瓦茨可以利用它们来建立地面气象站项目结论的可靠性。然而，从受众条件到争论的转变并不能充分解释报告中突然接受了科学论证的这些特征。瓦茨是如何在利用公共机构科学研发的方法来证实他的结论的同时，又坚称这些机构对于气象站场地条件的评估是疏忽的甚至错误的呢？要克服论证中的这个障碍，就需要考虑第二个问题：可以区分科学语言、风格和方法以及使用它们的科学代理人和机构。而在瓦茨的报告中，他正是利用了这一区分来避免这种矛盾。

在"地面气象站项目"这一部分，瓦茨实现了从引言到论证主体部分的转换，他透露与皮尔克的合作以及对美国国家海洋和大气局站点质量评估标准的使用："我与皮尔克博士进行合作，将他的调研方法整合到了指南中，任何一个公众都可以理解并遵循这些简单的操作指南……为了评估站点场地选址质量，我们使用了美国国家海洋和大气局的国家气候数据中心（NCDC）为建立气候基准站网而开发的度量标准"（8页）。在这一转变中，我们可以看到瓦茨力图把科学机构及代理人与科学方法区分开来。为了实现这种区分，瓦茨把他和皮尔克的合作严格限定在方法论层面，丝毫不提皮尔克曾更广泛地参与及其在激发项目中的作用。这就使得他能在维持"研究发起人"身份的同时，又能将公民科学项目与气候科学联系起来。类似地，通过聚焦于国家气候数据中心的度量标准本身，而忽略了这些标准本来就是国家气候数据中心创造出来用于发现场地条件问题的事实，瓦茨得以在确立了地面气象站项目研究方法可靠性的同时，继续批判那些机构为评估场地条件对温度测量的影响所做的工作。

　　除了利用气候学家和科学机构的方法来确立地面气象站项目及其结论的科学性，瓦茨还采用了科学写作风格来支持该项目的可信度。第一、第二部分充斥着口语化的个人风格，而在第三、第四部分的内容则包含了科学话语的特征，如被动语态和技术术语的持续使用。例如，在第三部分中，瓦茨解释了他如何利用美国国家海洋和大气局的分类系统来评定气象站场地的质量。他写道："这些调研被成千上万的人们看到，他们很容易就指出其中的错误或担忧的问题，如站点被误认。在发现错误的情况下，有关调查样本就会从数据库中被删除"（Watts, *Is the U. S.* 8）。在这些文本中，被动语态如"被看到""被指出"和"被删除"的使用表明了他的写作向科学语体的转变，在科学语体中，公民科学家在数据收集过程中的作用不再被强调，这与引言部分中对公民科学家的赞扬截然相反。这种重点的改变与论证层面的变化息息相关：从证明项目价值转变为证实项目方法和数据的正确性。

　　在第四部分"不佳场地选址实例"中，瓦茨使用更加接近科学写作的风格描述了他的数据收集活动，他不但使用了被动语态，而且还运用了讨论温度测量时的技术术语。例如在某一段中他写道："以上照片表明了一种趋势：比起旧的斯蒂文森百叶箱，较新的 MMTS/Nimbus 温度计的安装位置会更靠近建筑物和辐射表面。美国国家海洋和大气局的传感器电缆规格的最大有效距离是 1/4 英里，但安装人员常常无法通过一些简单的障碍物"（10 页）。在这些文本中，"MMTS/Nimbus 温度计"和"斯蒂文森百叶箱"是专业人员用于描述气象监测和数据收集设备的专有名词。对于大多数非专业读者而言，这种语言很可能不太熟悉，同样陌生的还有一些如"辐射表面"这样的技术用语，在关于温度测量的学术专著中这是常用词，但在其他语境中却鲜有使用。这些名词让瓦茨展示了他的专业性，也附带了他在气象监测和温度测量方面的专长。与此同时，采用了专业术语却并不一定表明他赞成气候科学界的社会、政治和认识论观点。

瓦茨对技术语言的使用一直延续到报告的"发现"部分，在这部分中，他为读者呈现了地面气象站项目收集的数据。在描述其发现时，瓦茨重申了他的调研方法，并提供了有关站点条件问题的精确量化证据："依据美国国家海洋和大气局提供的质量评定系统，每一个气象站点都被给出气候基准站网络等级。我们发现，所调查的气象站点中达到一级要求的比例仅为 3％，达到二级要求的比例为 8％……达到三级要求的比例为 20％，达到四级要求的比例为 58％，达到五级要求的比例为 11％"（Watts, *Is the U. S.* 16）。

到目前为止，瓦茨对于其方法、数据和结果的陈述，尽管并未完美地符合科学的表述标准，但他所使用的语言、风格和论证与科学报告极为相似。但当他谈到从公民科学项目的结果中得出的结论时，这种精心构建的技术风格开始瓦解。尽管科学作家都会谨慎地将论证限定在调研对象的事实本身，但瓦茨在结论部分完全凭直觉从站点本身质量跳跃到了站点产生的数据的质量，站点本身质量的科学性是采用了各种公认的科学方法严格建构的。虽然从非专业人员的角度来看，"不佳的选址会产生不当的数据"这一假设似乎合情合理，但从科学性的角度来看，没有对两者的关系进行审慎的统计学分析无法对数据质量做出判断。这种分析必须包括能够证明站点质量与数据质量之间的关系的统计学证据，以及所造成的偏差的类型（热或冷）和误差量。瓦茨并未对数据进行直接的统计对比，相反，他就假定依据美国国家海洋和大气局对于站点质量对温度测量影响程度的估计，可以确定站点质量与数据质量的关系。利用美国国家海洋和大气局对于不同质量的站点所造成的误差量的计算，他的结论是，由于系统预计的误差量比过去一个世纪中计算出来的温度上升量大得多，因此美国温度上升肯定是这些误差所造成的，而不是真实的环境条件。他这样表述这个论点："回想一下，三级站点的预计误差超过1℃，四级站点的预计误差超过 2℃，而五级站点的预计误差超过5℃。考虑到整个 20 世纪气候变化所带来的温度变化预计仅有0.7℃，这些误差范围都是巨大的。换言之，所报告的 20 世纪温度升高幅度完全在仪器记录的误差范围内"（Watts，*Is the U. S.* 16）。

瓦茨对站点质量与数据质量关系的理解和气候学家对两者关系的理解之间的分歧，不仅体现在他的假设"测量误差等同于统计学确定的偏差"上，还体现在他如何解释用来捍卫自己观点的科学依据。后一个问题的证据可以在他对美国国家海洋和大气局评估系统中的"预计"一词的解释中找到。根据瓦茨的理解，"预计"意味着美国国家海洋和大气局坚信特定站点质量级别与特定数据误差程度之间存在着已被证明的关系。瓦茨使用着重号来标注"预计"一词很好地证明了这种理解，用于强调美国国家海洋和大气局对这种误差认定方法的认可程度，而他认为这种认可能够支撑他的结论，即全球变暖是温度测量造成的人为产物。但是，从科学的角度来说，"预计"一词充满了不确定性，它也可以被理解为"我们很怀疑，但并不知道，因为没有经过严格的评估"。实际上，对于该术语的这种理解出现在科学文件的部分，瓦茨从那里得出他的错误值。在《气候基准站网络（CRN）站点信息手册》中，科学家写道："不同等级所对应的误差只是估计值"（NOAA, *Climate* 5）。事实上，这些误差只是估计值，而不是精确给定的误差范围，这就表明，在气候学家看来，从中不能可靠地得出关于全球变暖趋势的结论。此外，瓦茨也不能解释测量中的误差可能偏热也可能偏冷。通过自动假定所有误差都是偏热的，瓦茨展开了他的论证，但这是任何一位专业的气候学家都会极力避免的批判。

除了在站点质量与数据质量之间的技术论证中进行了缺乏根据的跳跃以外，瓦茨还违反了一些科学论证惯例，即将关于事实的陈述①上升到性质，上升到行动。在《适应科学》一文中，珍妮·法内斯托克（Jeanne Fahnestock）解释说，外行公众往往会越过关于事实和定义的科学发现进行推断，而在原因、性质和行动层面上提出问题或进行辩论。但是，科学家在他们的工作中反对这种跳跃（Fahnestock 245 - 246 页）。在报告的最后一部分"政策启示与建议"中，瓦茨跨越了典型的统计界限，对负责研究气候变化的政府组织的实践以及政府的气候变化政策进行了定性攻击。他在这部分的第一段中，开宗明义，从性质上给出一个鲁莽的结论："美国历史气候网站点的准确性不足以用于科学研究或是作为制定公共政策的基础"（Watts, *Is the U. S.* 17）。他同时总结说，由于推出并使用了这些不准确的数据，也由于使用了错误的实践方法来生成这些数据，任何与气候变化相关的政府组织都不值得信任。瓦茨列出了美国国内和国际上的气候研究组织（NOAA, NASA, NCDC, IPCC）以及其管理层之后，接着

① 立场是辩论的命脉，通常包括：存在/事实、定义、原因、性质和行动的类别。

写道："如今来自这些备受尊重且影响巨大的科学政治组织的发现和建议都值得怀疑。目前使用的数据……是不可靠的。只有新的和更加可靠的数据才能证实其声明的真实性"（17 页）。这一定性结论再次验证了瓦茨将建立温度数据可靠性的科学方法与研发该方法的组织的有效性分开的策略。毕竟，要确定这些机构犯错的唯一途径是要有一种正确的科学方法，用以区分孰是孰非。美国国家海洋和大气局、美国国家航空航天局和美国国家气候数据中心都提供了方法论途径，将自身的错误公之于众；然而却被置之不理，理由是他们对于气候变化的结论过于轻率，因此，作为该领域的可靠信源，他们不再可靠。

完成了性质上的论证后，瓦茨转到了最终的行动层面，对美国国家海洋和大气局及国家气候数据中心提出了用于改进其工作的科学方法上的建议。他给出了如下建议："应建立一个崭新的数据库……来量化整体偏差"，并且"美国国家海洋和大气局应当全面努力改善站点场地条件和纠正受污染的温度记录"（Watts，*Is the U. S.* 17）。有趣的是，这些建议给出的更正措施都是美国国家海洋和大气局以及国家气候数据中心已经提出并采用的。瓦茨提到这些措施进一步支持了他试图将气候科学代表和组织与他们的方法相剥离。尽管在瓦茨的估计中，美国国家海洋和大气局及国家气候数据中心已经丧失了所有的可信度，但他们用于改进温度测量的方法却仍有足够的可靠性，因而被他推荐为更正温度测量误差的解决方案。通过使用这些公认可行的方法（但不提及方法来源），瓦茨得以呈现出科学认可的温度测量问题方案，而同时给受众造成这样一种印象：这些解决方案源自他的公民科学经验而非他试图质疑的科学机构。

仔细阅读瓦茨的报告《美国地表温度记录是否可靠？》的引言、

主体和结论表明，他使用了一种修辞平衡行为，一方面利用气候科学和科学家来佐证地面气象站项目的成果，另一方面又诽谤这些公共机构，称它们未能合理地认识到它们数据收集流程的缺陷。为了建立其批评的可信度，瓦茨十分依赖皮尔克的成果以及气候科学语言、风格和方法。同时，他在问题发现的叙事中闭口不谈气候学家或气候科学组织，并在报告的最后部分把气候科学机构与他们的问题评估方法相剥离，从而避免归功于气候科学家或气候科学机构。

通过研究瓦茨在地面气象站项目报告中创造的论述和辩论，我们可以明显看出，尽管公民科学或许能孕育基于共同利益和兴趣的合作，但这些合作不总是能转变为强调公民科学促进非专业人员、科学家和科学机构提升相互关系、增进彼此认同的潜力的公共论述与辩论。虽然瓦茨是该报告的唯一作者，因而也对该报告内容负责，但我们还要考虑这样一种情况：倘若在创作这份报告的时候他邀请了罗杰·皮尔克进行较大规模的合作，是否有可能生成一份更有见地且政治性不那么强的论述呢？在一次对皮尔克的邮件采访中，这位气候学家称他从未见过该报告的草稿，也不曾给过瓦茨任何相关建议（Pielke，interview）[①]。若皮尔克曾参与撰写这份报告的论述和辩论，他可能会鼓励瓦茨考虑选择不同的风格和内容。例如，他可能会坚持改变对于问题发现的叙述，以承认他自己的工作和气候科学机构的工作对瓦茨的努力产生了影响，从而强调在发现和处理气候学不足之处时科学家与公民相互支持的关系。他还可能会指出瓦茨谈论站点质量与数据质量关系时出现的过度延展。若公民和科学家的

---

① 皮尔克在 2012 年 11 月 3 日我对他进行的一次电子邮件访谈回复中确定了这一点。我的问题和他的回答都发表在他的博客上。参见 http://pielkeclimatesci.wordpress.com/2012/11/07/interview-with-james-wynn-in-the-english-department-at-carnegie-mellon-university/。

合作想要促成公众、科学与科学家之间更好的理解和联系，那就如安东尼·瓦茨的报告所表明的，非专业人员和科学家务必要合作撰写有关其公民科学工作的公共话语与争论。作为参与的一部分，他们还需考虑他们的价值观以及受众的价值观将如何影响公民科学被呈现的方式。通过更加谨慎地考虑公民科学的修辞维度，他们或许能更好地协商其工作成果在公共领域的表达方式。

技术领域中的地面气象站

除了考虑公民科学在公共领域中提升非专业人员与科学家相互理解的能力（或者说缺乏这种能力）外，本章还有意探索此前未曾研究的问题：公民科学能否为非专业人员参与技术领域论证提供途径？对随后的科学文献的评估表明，实际上安东尼·瓦茨的报告在技术领域中引发了相当多的讨论和争论，其中有一些承认他在评估站点场地条件方面的努力，甚至认为他是科学著述的合作者。虽然这一证据肯定了公民科学能够为非专业人员参与技术领域论证提供途径，但它又引发了一个更为复杂且有趣的问题：在技术领域的论述与辩论中，社会政治价值观、制度化的价值观和科学的目标能否影响描述公民科学的方式？本部分将通过研究以下内容来探讨这一问题：①关于地面气象站项目科学论述与辩论出现时的语境；②一流科学机构的代表对于瓦茨报告的批评；③地面气象站项目实证结论的支持者对这些批评的回应。

为了理解技术领域对地面气象站项目的接纳具有哪些特征，首要的是一定要研究对地面气象站项目提出批评的话语和论点出现的语境。这就需要确定技术领域中可能会批评地面气象站项目的团体，并理解是什么促使他们对其进行回应。本章之前的分析中已经确定了技术领域中三个与温度测量问题评估关系最大的机构：美国国家海洋和大气局、美国国家航空航天局和国家气候数据中心。在这三个组织中，对该议题投入最多的当属国家气候数据中心。国家气候数据中心是负责收集、存储和分析美国气候条件数据的联邦组织机构。为实现这一职能，国家气候数据中心在全美 50 个州维护着大量气象站网络，其中包括美国历史气候网。由于国家气候数据中心是收集地表温度数据的最重要的组织，同时也是美国历史气候网的长期管理者，那么该组织的代表紧密关注地面气象站项目并急迫做出回应也就不足为奇了。

地面气象站项目一启动，国家气候数据中心的通信和活动就表明他们一直在关注该项目的动向，并且已准备好回应该项目可能对其可信度产生的威胁。2007 年 6 月 19 日，Surfacestations. org 正式运行仅两周后，国家气候数据中心的负责人托马斯·卡尔（Thomas Karl）就给 NVDC 的员工菲尔·琼斯（Phil Jones）发了一封邮件，邮件中写道："我们要回应一名电视气象预报员（安东尼·瓦茨），媒体已经开始报道他了。他建立了一个网站，记录了 40 个美国历史气候网站点，显示它们的暴露度不达标。他声称能展示城市偏差和暴露偏差。我们正在撰写一则对我们公共事务的回应。现在还不确定事态将如何发展"（qtd. in Revkin）。

6 月 25 日，也就是这封邮件发出的几天后，国家气候数据中心对公民科学的努力做出了回应，他们关闭了美国历史气候网网络气象站位置与地址列表的访问权限，之前这份列表都是公开的（Watts，"NOAA/NCDC"）。由于很多站点都位于私人住宅区，国家气候数据中心声称他们有义务保护观察员的隐私。因为无法获取气象站的位置信息，瓦茨及其召集的公民科学观察员无法继续记录站点场地条件。他在博文中讲述国家气候数据中心的审查制度，随后他从一位在线粉丝那里得知信息，美国国家海洋和大气局以及国家气候数据中心在其他地方公开了站点地址与名字。一周后，也就是 7 月 7 日，他收到美国国家海洋和大气局的通知，内容是：在经过法律咨询之后他们已经重新开放了气象站观察员的姓名的访问权限（Watts，"NOAA and NCDC Restore"）。有了这些信息，瓦茨和志愿者可以继续他们的记录工作。

虽然一开始国家气候数据中心对地面气象站项目的回应是关闭获取观察员信息的权限，但其随后处理潜在公关危机的策略就不那么咄咄逼人了。国家气候数据中心决定接纳该项目，并努力让安东尼·瓦茨了解温度测量科学以及国家气候数据中心为确保气候数据可靠性所做出的努力。2008 年 2 月，国家气候数据中心负责人托马斯·卡尔对瓦茨发出邀请，请他到北卡罗来纳州阿什维尔市的国家气候数据中心总部展示项目的方法和成果。2008 年 4 月下旬，瓦茨到访国家气候数据中心进行"思想与信息交流"。在阿什维尔期间，瓦茨同国家气候数据中心高层管理者和顶尖科学家会面，做了关于地面气象站项目的报告，并参观了国家气候数据中心的一些新设立的气候基准站网络测量站点（Watts，"Road Trip" and "Day 2"）。在访问期间，国家气候数据中心的成员听取了瓦茨的担忧，甚至对瓦茨试图通过公民科学项目实现的目标表示赞许。这次访问似乎标志着国家气候数据中心态度的巨大转变，不到一年前，国家气候数据中心还试图关停这一项目。瓦茨在他关于这次访问的博文中也反映出这种转变。他写道：

> 我想向整个气候基准站网络科学团队表示衷心的感谢……他们回答了我所有的问题，并花费颇多时间耐心陪同我。此外，

我还想感谢卡尔博士（指国家气候数据中心负责人）以及助理主任莎伦·艾杜克（Sharon LeDuc），他们听取了我的担忧并提供了建议。

国家气候数据中心的每个人都让我感到备受欢迎和赞赏。（"Day 2"）

瓦茨对于国家气候数据中心总部的访问，标志着由公民主导的公民科学项目被至关重要的大型科学政府组织所接受，这即使不是史无前例，也是极为罕见的。也可以认为这是瓦茨和国家气候数据中心关系的顶点。随着瓦茨报告的发布，公民科学家和国家气候数据中心之间的关系再度转为互相对抗。《美国地表温度记录是否可靠?》发布不到三个月，国家气候数据中心代表马修·梅内（Matthew Menne）、克劳德·威廉（Claude Willians）和迈克尔·帕拉克（Michael Palecki）就提交了论文《美国地表温度记录的可信度研究》进行评议。① 在这篇论文中，作者质疑了瓦茨关于站点条件质量与温度测量质量间关系的科学结论。质疑的核心包括以下几个科学问题：场地条件带来的什么等级和什么类型的偏差对温度测量产生影响? 有关站点特征的定性数据能在多大程度有助于理解这些偏差? 仔细研究国家气候数据中心代表发起的技术领域辩论可以发现，他们不仅对瓦茨的成果进行了合理的技术评论，还把对地面气象站项目的批评扩展到了价值论证领域。下一节的分析着重要回答的是为什么的问题，即为什么国家气候数据中心要把对瓦茨工作的科学批评扩展到价值层面?

---

① 文章开头的注释指出，它在 2009 年 8 月 27 日提交。参见 Menne, Williams, and Palecki。

美国国家气候数据中心和统计学价值

对于梅内、威廉和帕拉克为何被迫扩展其论点，或许最合理的解释就是他们不能通过简单地忽视地面气象站项目关于测量偏差的结论就驳回其场地评估的价值或正当性。在论文中，他们一方面表扬该项目记录站点条件的努力，一方面又质疑瓦茨关于站点质量和数据质量关系的结论，揭示了他们对该项目的社会正当性和技术正当性的认识。在论文的方法部分，作者对于项目记录场地条件和评定站点质量的方法表示支持。在此作者不但肯定了项目用于评定站点的方法，甚至还接受了它对于站点质量的总体结论，并把这些作为他们自己调查的基础："美国历史气候网的一部分站点的暴露特征已被分类并发布在 surfacestaions. org 网上……为了评估暴露度对站点场地的潜在影响，我们依据 surfacestations. org 对美国历史气候网站点的五种可能的 USCRN 暴露等级构建了两个子集"（Menne，Williams，and Palecki par. 6）。

除了接受该项目的方法和结果以外，作者们竭力赞赏该项目的社会重要性，表扬了瓦茨及其志愿者为收集站点质量数据所做的工作。在论文末尾的"致谢"脚注中，他们写道："感谢安东尼·瓦茨以及许许多多 surfacestations. org 的志愿者，感谢他们为记录当前美国历史气候网站点场地特征所付出的巨大努力"（Menne，Williams，and Palecki fn 21）。

虽然作者表扬了公民科学家参与数据收集的行动，也接受了他们的方法，但他们对于瓦茨在报告中直接从站点质量的论证跳跃到站点温度数据质量提出了异议。这个观点出现在论文的第一段中，作者写道："要特别指出的是，瓦茨的报告中猜测美国历史气候网过去约 30 年中提供的美国地面温度记录可能偏高，因此人为地增强了观测到的温度趋势的程度”（Menne，Williams，and Palecki par. 2）。
在这份对瓦茨结论的描述中，值得注意的是，作者使用了“猜测”一词
来表明瓦茨关于站点质量和数据质量关系的论点只是猜想，并没有
严格的调查作为支撑。而梅内、威廉和帕拉克在论文中要实现的目
标是确定这样的关联是否真实存在，并且如果确实存在的话，那么多
大程度的偏差和什么类型的偏差影响了温度记录。

为了评估可能的偏差存在与否以及程度如何，作者依据等级对
站点进行了分组，并从统计学上进行对比。通过地面气象站项目的
评级，他们将站点分为“好”“坏”两组，其中“好”组包括条件良好的一
级和二级站点，“坏”组包括位置不佳的三级到五级站点。接下来，他
们使用了具有地理代表性的站点样本来对比全美相似地区“好”站点
与“坏”站点，以找出它们之间存在的偏差（更热或更冷）的程度和类
型。做对比时，他们既使用了来自美国历史气候网的未经处理的原
始温度测量数据，也使用了经过统计学均质化的或者已处理掉错误
部分的数据。① 他们的结论是，经统计学处理过的数据中，“好”站点
与“坏”站点的数据间几乎没有差别。换言之，统计学处理修正了不
当站点选址可能造成的任何偏差，因此它们对历史温度记录没有产
生影响。而令人惊讶的是，在对比来自“好”站点与“坏”站点的未经
处理的原始数据时，作者发现温度最大值存在冷偏差。换言之，位于
停车场、空调、烧烤炉附近的站点提供的读数比其他位置更好的站点
的读数更低：这对于在瓦茨那里显然是常识性的结论，即这些现象
会引入温度更高的误差，是一种反直觉的驳斥。

---

① 美国国家海洋和大气管理局和国家气象中心已经发现，由水银温度计转换成数字温度计以及
从中午到早上温度读数变化等现象引起的温度测量统计错误。关于详细的讨论，参见 Menne，
Williams，and Palecki 1。

虽然梅内、威廉和帕拉克的统计学观点对瓦茨关于站点质量与数据质量关系的结论进行了具有技术说服力的更正,但他们并没有把论证完全建立在这些数学结论上。相反,他们从对于数量的争论过渡到了对于定量方法价值的争论。论文结论部分的策略变化表明,作者试图利用修辞手法来处理地面气象站项目提出的社会政治质疑与认识论质疑,也就是事实上大多数站点都被发现选址不当,而通过揭露这一事实,地面气象站项目对国家气候数据中心的可靠性提出了质疑。由于作者无法挑战地面气象站项目方法本质上的正确性或正当性,他们必须设法降低这些方法的价值并提升自身的价值。为实现这一目的,他们对比了自己的定量方法与该项目的定性方法。在论文结论中,作者解释说:"考虑到 surfacestations. org(Watts, 2009)目前的广泛记录显示许多美国历史气候网站点的暴露特征都远未达到理想标准,有理由对不良暴露度可能导致温度趋势的偏差……提出疑问。然而,我们的分析……表明,无论偏差的间接证据多么令人信服,在确定站点暴露特征对温度趋势的影响时,都必须进行数据分析。换言之,照片记录和站点调查并不能排除数据分析的需要"(Menne, Williams and Palecki par. 18)。

在这些论述中,作者将他们的统计学结论描绘成一个警示性的叙述,告诉读者过于相信经验而轻视数学分析可能会导致的问题。他们指出,虽然关于站点条件的摄影证据毫无疑问地表明不当选址会对温度数据造成偏热的误差,但这一假设是错误的。然而,通过统计学数据分析,有可能检验并更正这些误差。因此,无论这些定量结论与我们的经验多么矛盾,我们都必须接受它们。至于公民科学观察员的经验和常识直觉如何导致这些错误,作者只是说"站点暴露度未对温度趋势产生明显影响的原因或许仍须进一步调查"(8 页)。

但可以确定的是，虽然地面气象站项目对于科学而言有一定价值，但这种价值最终受到其方法的局限。通过将定量因子置于定性因子之上，[1]国家气候数据中心的代表们强调，他们的专业科学工作的价值胜过瓦茨和他的公民科学研究者的经验与常识直觉的价值。

为定性评估辩护

尽管国家气候数据中心代表通过质疑地面气象站项目评估测量偏差的定性方法的价值，捍卫了自身的可靠性与专业性，但他们的观点遭到了其他有意维护该项目定性方法价值的技术领域参与者的反击。梅内、威廉和帕拉克的论文发表一年后的 2011 年，法勒（Souleymane Fall）等人的文章《站点暴露度对美国历史气候学网络温度与温度趋势的影响分析》发表在了《地球物理学研究杂志》（*Journal of Geophysical Research*）上。皮尔克和瓦茨同为该文章的联合撰稿人。在文章中，作者展示了他们统计学数据分析，分析中使用了从地面气象站项目 82.5% 受评估站点中采集的巨大定性样本（Fall et al. par. 1）。他们证实并丰富了梅内、威廉和帕拉克的发现，同时维护了定性站点调查的重要性，从而捍卫了公民科学的价值。

在该文章的"引言"部分，作者开篇就表明要维护地面气象站项目的定性调查的价值，强调项目在查明测量的偏差来源与更正对偏差的定量假设中潜在错误的价值：

> 总体而言，已经做了大量工作来解释（统计）不同源性，并获得了用于气候分析的调整数据集。

---

[1] 这些术语来自佩雷尔曼和奥布莱希特-提特卡的《新修辞学》。参见 Perelman and Olbrechts-Tyteca 83‐93。

　　然而，目前关于调整对温度趋势的影响存在相当大的争论……

　　（地面气象站项目的）摄影记录表明美国历史气候网 V2 站点场地质量良莠不齐……处理技术能否有效弥补不当选址造成的偏差尚不得而知。（Fall et al. par. 4，par. 9）

上述引文的前两段中，作者从不确定性①的角度论证了有关温度趋势的统计调整存在"相当大的争论"，并以此确立了其研究项目的迫切需求。据他们估计，数据处理中存在不确定性是因为缺乏对站点因素如何影响温度趋势的定性知识。但是，由于瓦茨和公民科学志愿者的努力，最终能够了解重要的统计学偏差的程度、站点条件以及它们对温度数据影响的定量测试。通过将站点因素的定性认识作为对测量偏差进行强定性描述的先决条件，法勒等人改变了定性分析与定量分析在科学方法论价值层次中的顺序。他们坚持认为，由于统计学结论的真实性或价值需要在有关站点条件的定性知识的基础上进行预测，因此定性知识具有更高的价值。这里的"错进等于错出"论断来自关于因果关系的惯常表述，正如亚里士多德所言："一件事之所以看起来可能更加重要，只是因为它是一个开端，而另一件不是"（I vii 17）。

　　在声明定性方法比定量方法价值更高之后，作者开始调查站点因素能否以及如何影响温度测量。为回答这一问题，他们既吸纳了梅内、威廉和帕拉克进行评估时所使用的相同方法，又略有区别。尽

---

① 肯尼思·沃克（Kenneth Walker）和琳达·沃尔什（Lynda Walsh）解释说，不确定性主题可以用来破坏科学精神，促进或阻碍政治行动。然而，在这种情况下，它为科学研究开辟了一个空间，并因此优先考虑定性推理。参见 Walker and Walsh 9-10。

管在科学中重复进行相同的分析或实验极为罕见，但这些调查的意义重大——温度测量的有效性以及气候变化政策依然悬而未决。和梅内、威廉和帕拉克一样，文章作者们把来自"好""差"站点处理过的数据和未处理过的数据进行了分组和比较。他们的结果与梅内等人的反直觉发现一致，即在选址不当的站点数据中发现了气温"偏冷"的误差："（我们的分析）在相当程度上证实了梅内等人（2010）的更有限的发现，即选址不当的站点会产生更大的最低温度趋势和更小的最高温度趋势。"（Fall et al. par. 36）但与梅内等人不同的是，法勒等人在他们的评估①中使用了更多更好的质量控制数据，并且对站点条件对测量偏差的影响进行更广泛的调查。例如，除了比较"好""差"站点的测量外，作者还比较了日间温度趋势（每日温度最大值和最小值的差异）来评估站点场地是否导致这一温度的测量偏差。他们发现，尽管大多数等级的站点（CRN1－4）在日间温度趋势的测量中未显示较大差异，但选址条件不佳的站点（CRN5）出现了明显的统计学偏差，人为导致了日间温度最小值与最大值之间差值的缩小。虽然这一发现对于气候变化争论没有直接意义，但对于皮尔克和瓦茨而言，这为他们捍卫公民科学项目带来了重要启示。首先，与梅内、威廉和帕拉克的论文不同，传感器选址对温度测量有直接影响，这在统计数据中并没有得到充分考虑。他们解释说："均匀性校正在调整昼夜温度范围方面并不成功"（Fall et al. par. 43）。通过确定目前利用统计学对数据实现同质化的项目中存在漏洞，作者表明站点条件确实很重要，并且记录和评定站点条件的定性努力因而也十分重要。他们解释说："前一部分展示的证据支持了这一假设，

---

① 大约 87% 的站点接受了检测和调查，而在梅内等人的论文中是 43%。参见 Revkin。

即与站点场地质量相关的站点特征会影响对温度趋势的估计"（par. 48）。

通过检查和比较科学文献中批评与捍卫地面气象站项目的学术工作，可以对技术领域如何被接受和处理公民科学进行大量的观察。第一个结论是，公民科学进入技术领域可能受到公民科学项目对与评估对象相关的专业科学方法与实践的采纳程度的影响。在地面气象站项目中，由于瓦茨通过与皮尔克紧密合作，共同设计或确定了记录和评估站点的严格方法，因此这些方法被专家们认为是可接受的，并被技术领域对话中所有的参与者采用。第二，我观察到技术领域的参与者认为公民科学家的努力是有价值的。即便在批评该项目的文章中，也有对其努力赞许的证据。然而，虽然公民科学的价值及其方法和数据的正当性得到了认可，我们还是可以得出第三个观察结论，即这不足以使公民科学家的结论在技术领域获得认可。在地面气象站项目的案例中，所有科学家，不论是批评该项目还是支持该项目，都不接受瓦茨报告中的结论，即项目收集的数据所展现的温度偏热的误差足以解释过去几十年甚至上百年的气温上升趋势。对于瓦茨报告结论的否定表明，尽管非专业的公民科学家有可能参与到科学争论中并得到认可，但他们依然要受制于争论发生领域的证据和论证惯例。在本案例中，瓦茨利用不同等级站点的预计误差区间来解释气候变化的百年趋势，并假设选址不当造成的偏差引起气温偏热的误差，与专家群体使用的统计实践相冲突。

第四个结论，或许也是最重要的观察结论就是，如同公民科学的非专业代表一样，专家代表也受社会政治和制度价值观与目标的影响。通过研究技术领域人员与公民科学项目的交涉可以发现，国家气候数据中心认为地面气象站项目威胁到了它作为温度与气候变化数据的可靠信源的公共信誉。为了应对这个危机，国家气候数据中心进行了价值辩论，指出在评估温度测量偏差时，他们的定量方法比公民科学家们的定性方法更有价值。作为回应，皮尔克和公民科学项目的其他支持者为定性观察的价值辩护。定量因子与定性因子作为科学论证和非专业人员论证的标志，已经被研究专家与非专业人员辩论的修辞学和环境正义学者的广泛讨论。[①] 然而，本次分析给出了重要启示，即这种区分同样可能是技术领域辩论的一部分。这种相似性表明，社会政治与制度价值渗透到技术领域，并影响了公民科学在话语和争论中的表征方式。

结语

本章的目标是考察公民科学能否以及在何种程度上影响公众、科学和科学家在公共与技术领域中的关系。当前，科学家、科学教育家以及科学社会学家进行的研究已表明，共创型公民科学项目促进了公众与科学家之间的了解和认同。本章既检验了公众参与科学研究学者和公众参与科学学者的这些结论，还扩展了他们的调查。结果表明，尽管地面气象站项目促使气候学家和气候变化批评者开展合作和共同参与，并让后者进入到关于温度测量的技术领域争论中，但这次合作催生的对话和争论并非总能促进或反映整个科学事业的合作精神，也未能实现推动公众、科学家与科学机构间的进一步认同。例如，仔细分析瓦茨在公共领域中的争论可以发现，他的个人信念和受众的性格鼓动他创造一个问题发现的叙述，在叙述中他赞扬

---

① 参见 Miller；Corburn；Ottinger and Cohen；和 Brown, Morello-Frosch, and Zavestoski。

公民科学家,并通过隐瞒政府科学家和科学机构在气象站场地条件问题研究中的重大贡献来诽谤气候科学。当分析气候科学家回应地面气象站项目产生的论据的背景和内容进行类似的分析表明辩论的背景与内容时,国家气候数据中心的科学家如何使用价值辩论来攻击公民科学项目,以维护其作为温度与气候变化数据的可靠信源的声誉。

这些发现表明,公民科学受制于并受到其所在争论环境的影响,其中包括个人的、社会的和政治的价值观和目标。因此,由于其修辞特性,公民科学需要的不只是对特定自然现象的共同兴趣以及非专业人员和科学家为促进两大群体的认同和理解而进行的积极合作研究。为实现这些目的,还需要对公民和科学家在知识生产中的价值观与语境进行积极的评估和参与。尽管这种评估或参与可能采取多种形式,本章致力于从修辞视角展示其可能的形象。通过彼此合作,或与修辞上的"公正中间人"相配合,①双方都有可能更好地了解自身的承诺,明白这些承诺如何呈现在他们的话语和论点中,以及了解如何塑造他们所参与的公共或技术领域的辩论。通过关注论述与辩论中的这些修辞维度,公民科学可能还会意识到其是促进公民、科学与科学家间建立更好关系的关键工具的潜力。

---

① 我从社会学家小罗杰·皮尔克(Roger Pielke Jr.)那里借用的术语。他是本章讨论的气候科学家皮尔克的儿子。他将"公正中间人"定义为在政策背景下为政策制定者提供技术替代方案,而不提倡一种或另一种观点的科学家。我用它来描述修辞分析家在指出话语和论据的替代观点中的作用,以及他们可能对非专业人员和公民之间的关系产生的影响,而没有建议他们应该在公开或技术方面作出什么决定的建议。关于"公正中间人"解释,参见: Roger Pielke Jr.1-3。

第五章 两种理性叙事：公民科学与政治重建

本书的前几章讨论了数字时代的公民科学在以公民为中心的传播发展中的角色，在草根群体思想观念转变中的地位，以及在科学家与公众之间关系发展中的作用。尽管这些章节在一定程度上触及有关公共政策和争论的问题，但都没有专注于解决如下问题，即基于互联网的公民科学在多大程度上以及以何种方式影响公共政策辩论及其结果？最后一章将探讨这个问题，分析发生在伦敦东部刘易舍姆区的一次以城市发展和规划为议题的政策性辩论，在此次辩论中，由技术需求驱动的公民科学活动发挥了核心作用。为了理解公民科学对公众成员提出的政策论证的影响，①本章的第一部分探讨公民科学家们秉持的理性诉求，这是他们在论证应拆除社区内的一座废料场时形成的。为了了解这些论据是否以及如何影响政策结果，第二部分探讨地方决策者如何响应并利用公民科学的结果来促进和实现政策目标。通过详细分析该案例，本章阐明了数字时代的公民科学如何成为政策调查研究的创造资源；并通过将基于生活经验的非专家理性诉求与基于科学技术合理性的专家理性诉求要素相结合，在为政策论证创造共同基础方面发挥着举足轻重的作用。本章最后阐述情境因

---

① 在此，我使用"公众"（public）这个词来指那些不是决策制定的人。

素，尤其是政治议程，如何改变公民科学影响政策论证和实施的方式。

作为创造资源的数字时代公民科学

正如前几章中的案例所示，通过促进新传播方式的发展，互联网和可连接互联网的设备在公民科学中发挥了重要作用，开辟了新的论证方式，创造了公民和科学家互动的新空间。在本章中，我还将研究数字技术如何成为创造的资源，尤其是在面向公共政策干预的公民科学项目的发展中。公民科学项目可以源于寻求使用现有数字技术解决政策问题的学术兴趣，就这个意义而言，数字技术可以作为以政策为中心的公民科学的创造来源。数字技术的创造性力量已经得到地理和城市规划领域学者的认可。例如，2006 年发表的一篇关于新兴的公众参与地理信息系统（PPGIS）的文献综述中，地理学家蕾妮·西贝尔（Renee Sieber）在开篇就写道："这是一种奇怪的概念，即把增强或限制公众参与决策、授权或边缘化社区成员以改善其生活、反对或支持有权势的人的议程、推进或削弱民主原则的潜力归功于一个软件。然而，这正是地理信息系统（GIS）正在发生的事情，它的社会应用已经引起了包括城市规划、法律、地理学……和保护生物学在内的不同学科研究人员的关注"（491 页）。

以上的观点表明，促使研究人员有兴趣将新数字技术应用于政策的核心创新性问题之一的是：数字技术能否有效地增强社区成员能力，帮助他们改善生活和对抗强势群体的议程？一些研究者寻求通过开发数字化公民科学项目来回答这个问题。例如，英国伦敦大学学院（UCL）的研究人员成立了 ExCiteS（Extreme Citizen Science）研究小组，通过"开发支持社区的方法……提出研究问题并收集和分析数据以促进当地利益"（Rowland）。本章所介绍的公民科学项目属于该研究小组旨在实现这个目标的众多项目之一。项目发生在刘易舍姆区，位于伦敦的东南部地区，区域内居住着伦敦经济状况最差的一部分人口。刘易舍姆区的佩皮斯住宅区/德特福德地区是项目的所在地，一位政策分析家这样描述道："虽然肯定比 20 年前整洁得多，但伊夫林（Evelyn）和纽克罗斯（Newcross）区（佩皮斯住宅区/德特福德地区属于伊夫林）仍然在英国最贫困的 10％街区内"（Potts 11）。

英国国家和地方政府已经采取措施，希望通过一项雄心勃勃的城市规划和发展计划，来帮助振兴伦敦的经济萧条地区。这一重建计划的一个突出例子是 2012 年伦敦奥运会的大部分场馆在六个东部区的选址[①]（Great Britain, Dept. of Culture）。泰晤士河口项目[②]虽不为人们熟知但同样重要，这是一个重建项目，目的是将更现代、更环保的建筑和休闲场所引入伦敦东南部毗邻泰晤士河的行政区。该项目由包括国家和地方政府、非营利组织和大学在内的机构进行合作，鼓励采用整体方案进行重建开发。可持续发展社区变化地图项目[③]是其中的一项合作，隶属于伦敦大学学院 ExCiteS 项目。这个项目由 UrbanBuzz 倡议资助，参与的机构、成员和个人包括：伦敦大学学院土木系、环境和地理工程系的师生，非营利组织伦敦 21 世纪和伦敦可持续发展交流会的成员，以及地方规划组织伦敦泰晤士河门户论坛和伦敦规划援助计划的参与者（"Making Maps

---

[①] 巴金-达格南、格林尼治、哈克尼、纽汉姆、陶尔哈姆莱茨和沃尔瑟姆弗雷斯特。

[②] 泰晤士河河口项目包括在伦敦南部和东部的一些地方进行开发，包括纽汉姆（皇家码头和斯特拉特福德）、莱维沙姆（德特福德）、巴克和登厄姆（巴克）以及格林尼治（格林尼治半岛）等行政区。参见"Thames Gateway"。

[③] 可持续发展社区变化地图项目（Mapping Change for Sustainable Communities）在 2007—2009 年获得资助。参见"Mapping Change", London 21。

Work")。

　　可持续发展社区变化地图项目的目标是通过使用互联网和数字地图工具来帮助受泰晤士河开发影响的当地社区"了解哪些变革提议将如何影响他们，以及确保能听到他们针对这些变革的回应发声"（"Mapping for Sustainable Communities", *Urban Buzz* 1）。为了赋予这些社区权利，同项目有关的学者和非政府组织与社区团体合作开发数字地图和在线论坛。通过数字地图和论坛，社区成员可以关注他们所在地区的状况（犯罪、疫病、污染等），或者庆祝他们想让居民了解的社区特色（历史、节日、社区会议等）。通过与非营利组织伦敦 21 世纪合作，伦敦大学学院的研究人员为他们的项目确定了包括刘易舍姆区佩皮斯住宅区在内的五个合作地点①（"Pilot Groups"）。确定了测绘项目的地点之后，就会在每个社区举行由伦敦大学学院的地理信息科学（GIS）教授穆基·哈克雷和伦敦 21 世纪的路易斯·弗朗西斯和科琳·惠克特（Coleen Whitaker）组织的工作坊，来确定社区居民对哪种数字地图项目感兴趣。在佩皮斯住宅区/德特福德地区，居民多年来一直向当地行政区议会投诉当地废料场的工作噪声。在自治市议员的要求下，哈克雷及其团队被要求与居民合作，以帮助他们收集数据并创建附近噪声水平的数字地图（Pepys Community 8）。

　　同 Safecast 辐射测量项目一样，社区噪声地图项目要求使用技术仪器——测声计，参与者都必须学会读数和操作仪器。这些活动让社区居民接触到有关噪声阈值和声学测量方法的技术信息，这些

---

① 这些地区包括：刘易舍姆区的佩皮斯住宅区，纽汉姆区的皇家码头地区，伊斯灵顿区的拱门地区、巴金-达格南区的马克斯盖特社区以及哈克尼区的哈克尼-威克社区。参见"Pilot Groups"。

信息典型的属于专业技术领域。尽管哈克雷和伦敦 21 世纪的研究者都不是声学领域的专家，但是他们在地理信息科学领域的技术（数学）背景和他们的学术研究技能，有助于他们理性深入地理解声学测量的基本方法，并且知道如何将其传递给参与者（Haklay，Interview）。基于他们的研究，哈克雷和他的团队设计了一个实验方案，用于收集有关噪声水平的信息，以及向参与社区噪声地图项目的社区成员传授该方案（Haklay，Francis，and Whitaker 27）。

在他们制订的基本方案中，要求参与者连续七周每天记录三次噪声读数。[1] 每次记录时，测量者都在一个特制的表格中记录时间和日期，[2]并在纸质地图上标记自己的位置。记录完所有这些基本信息，随后要在三分钟内每隔一分钟记录一次声音读数，生成其所在位置的平均最大噪声水平（"Noise Mapping Toolkit" 7）。此外，他们在记录页上圈出描述声音质量或声音强度的单词（例如，无声的、低沉的、持续的、随机的、悦耳的、干扰的，等等），并写出记录时最大的声音来源。观测期结束后，伦敦大学学院（或伦敦 21 世纪小组）会收集这些表格，并检查其准确性和一致性。然后，这些经过审查的数据被输入数据库，并加载到地理信息系统软件中，以绘制出调查结果的地图。通过这个过程创建的一些地图，包括在社区地图上以数字方式标注的正方形网格。每个网格上都标有一个数字，表示方格区域进行过多少次测量。每个网格中的噪声水平使用红色阴影来表示，颜色较浅的阴影表示较低的噪声水平级，颜色较深的阴影表示高噪声水平级（图 7）。此外，哈克雷和他的团队还创建了无网格的数字地

---

① 2008 年 1—2 月可持续发展社区变化地图项目记录了读数。

② 参见附录 1。

图 7　佩皮斯住宅区的噪声水平图（经穆基·哈克雷许可后使用；请参见 Whitaker。）

图，使用小圆点来精确地表示观测过的地区位置（图 8）。然后，他们
将这些小圆点进行颜色编码，分别对应观测者认为噪声最大的特殊
声源地（废料场、交通运输、飞机等）的位置。

　　尽管制作数字地图只是 ExCiteS 的可持续发展社区变化地图项
目的初步任务之一，但其另一个主要职责是围绕地图来促成参与地
图绘制的社区公民与可能针对地图中的问题来采取行动的当地政府
官员之间的对话。对正在映射的问题采取措施，佩皮斯住宅区/德特
福德地区噪声测绘项目在修辞上有趣的原因在于，在此次对话中，公
民科学家的数据、地图和经验成为制定有关环境的噪声水平以及应
采取何种行动来应对这些问题的政策论点的重要催化剂。对由这个
项目产生的政策论点的考察，公民科学在为数字地图系统提出政策
应用的技术迫切性的驱动下，使政策制定者和社区成员更紧密地联

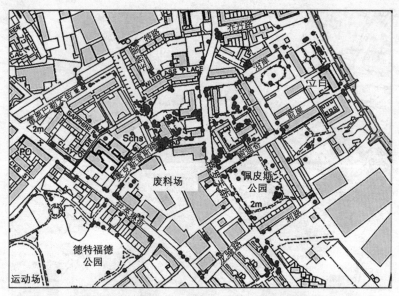

图 8　佩皮斯住宅区的噪声测量地点(经穆基·哈克雷许可后使用；请参见 Whitaker。)

系在一起。然而，它也表明，基于公民科学的社区辩论和政策行动之间的关系，并不一定是直截了当的。

文献综述：诉诸理性与政策论证

在探讨佩皮斯住宅区/德特福德地区案例中的公民科学和政策论证的关系之前，重要的一个问题是要确定本次调查的修辞重点，以及与在政策论证背景下思考公民科学相关的修辞学、社会学和公共政策方面的学术研究。前几章的修辞关注点包括视觉论证、精神气质、听众和语境，而本章的重点是诉诸理性。尤其是本章考察公民科学如何影响社区行动团体在政策论证中的诉诸理性。根据亚里士多德的观点，理性诉求是"由演讲本身的话语提供的证据，或显而易见的证据"(Ⅰⅱ 1356a)。这种证据包括，一个案例的事实或证据，以及用以将事实相互联系起来的论证策略。在公共政策论证中，亚里士多德将其称为政治的或商议的修辞，诉诸理性的一般目标，是通过建立"所提议的行动路线的权宜之计或危害性"（I iii 1358b）来为未来的行动提供理由。这类论证与法律论证截然不同，法律论证侧重于使用过去的事实来证明行动的公正或不公正，而修辞式论证则根据当前的社会文化价值观对一个主题进行赞扬或批评。

　　虽然亚里士多德对政治修辞和其他修辞体裁进行了一些非常有用的区分，但近代的学者们还是谨慎地严格按照过去的事实、现在的价值和未来的行动将论证进行分类。例如，在《论证的修辞学》（*A Rhetoric of Argument*）一书中，法内斯托克（Jeanne Fahnestock）和塞克尔（Marie Secor）在他们关于辩论的停滞期或论证的空白阶段的讨论中，指出在政策提案停滞期的论证，即政策论证中的典型时期，倾向于包括基于事实、原因和价值的论证。① 他们解释说："政策提案论证通常遵循一种可预测的模式：提案者首先说服听众，存在一个问题，然后他们提出一个解决方案。为了实现他们的目标，他们基于我们已经讨论过的（定义、原因和评估）的所有类型（停滞期）建立政策提案"（Fahnestock and Secor 285）。就本章而言，我将沿用亚里士多德对商议论证的定义，即论证的目标是确定所提议的行动方案的权宜性或危害性；但采用法内斯托克和塞克尔关于事实、原因和价值在政策论证理性诉求中具有更全面作用的观点。

　　按照本书的定义，公民科学是一个相对现代的现象，据我所知，目前在修辞学、公共政策或社会学领域仅出版了一项研究公民科学对政策论证理性诉求的影响的出版物。这就是格温·奥廷格的《抵

---

① 法内斯托克和塞克尔将这些标记为定义、原因、评估和建议。

抗之桶》,之后将在本节详细讨论。然而,在研究奥廷格的作品之前,有必要更广泛地考虑修辞学和传播学的趋势在思考科学、技术和公共政策的交叉点上政策论证的理性诉求时的趋势。本文中,大部分讨论都致力于定义或区分制度权威的技术化科学理性诉求和非专家理性诉求。对于参与这一对话的学者来说,非专家的理性诉求通常基于社会交往或物质状况的生活经验(Irwin 3;Fischer 44;Leach and Scoones 18 – 21)。例如,政策理论家弗兰克·费舍尔(Frank Fischer)在其著作《公民、专家和环境》(*Citizens*, *Experts*, *and the Environment*)中突出了这一特征,他在书中对当地选民的逻辑资源发表了如下评论:"(当地人)通常具备在此环境以外的人无法获得的经验信息。然而,这种地方知识本身不能定义状况,但'情况事实'是对可能的解释范围的一个重要限制"(44 页)。

非专家理性诉求源自其生活和共享经验,而制度和制度权威的技术化科学理性诉求则被认为是基于论证规则/程序、量化数据和编码化数据收集实践。例如,在《绿色文化》(*Green Culture*)一书的导论中,亨德尔(Carl Herndl)和布朗(Stuart Brown)解释道:"这种(科学)论述的修辞力量来自诉诸理性的修辞概念,即对客观事实和理性的诉求。这是政策制定者经常用来夯实自己论据的论述;技术数据和专家证词通常代表决策决定的基础,时常以其他形式的修辞诉求为代价"(11—12 页)。

亨德尔和布朗在描述科学政策论证的理性诉求时,认识到制度和制度权威的技术化科学理性诉求与非专业公民的理性诉求之间经常存在不平衡的动力,前者通常更受到青睐。这种不平衡一直是许多修辞学学者和社会学学者关注的焦点,他们的目标是恢复政策论证的技术维度和非技术维度之间的平等。在某些情况下,这种恢复是通过将生活体验提升到技术化科学理性之外的声望位置来实现的。在其他情况下，理性的定义已经扩展，因此它包含更广泛的推理类型。例如，在沃尔特·费舍尔的《作为叙事的人类交流》（*Human Communication as Narration*）一书中，他引入了"叙事理性"这一新概念，假定专家和非专家的论证形式是对等的。他解释说"叙事理性最根本的区别……（是）假定任何一种形式的话语都不具有优越性，因为它的形式主要是争论性的。无论从科学、哲学或法律对事件进行多么严格的论证，它始终是一种叙述，是对世界某个方面的解释，这个方面具有历史和文化基础，是由人类的个性所塑造的"（49 页）。

在其他情况下，专家理性诉求和非专家理性诉求之间的平等是通过扩展专家知识的概念而引入的，使其包含政策论证中所有参与者的信息输入和知识。例如，继费舍尔的著作之后，威廉·金塞拉（William Kinsella）认为，来自非专业公民对现象的直接本土经验的理性诉求，应该被视为是对技术化科学专家理性诉求的补充，而不是区别：

> 加强公众参与对于维护和加强民主政治具有重要意义……然而，专家与公众间的差别继续对参与性决策构成实际和象征性的障碍。将更广泛的专业知识视为通过广泛对话创造的公共资源，是减少这个障碍的一种方式。
>
> 当为政策制定贡献自己的地方性观点和价值观时，普通公民提供了自身形式的专业知识。同样，专家的贡献也可以看作是一种地方性知识（95 页）。

政策论证中关于专家和非专家参与者的理性诉求的修辞研究，大多数致力于描述非专家理性诉求的特征，或是考虑如何使之与占主导地位的科学和国家理性进行协商。然而，对于非专家是否以及以何种方式将专家事实和方法与他们的生活经验理性有效地结合起来，从而影响他们参与政策论证的能力，则基本没有得到关注。对修辞学和传播学研究文献的调查发现①，只有一个案例中，修辞学研究者将这个问题作为主要研究重点。在《科学和公众参与》一文中，丹妮尔·恩德勒斯（Danielle Endres）探讨了技术化科学理性诉求在非专家公共辩论中的作用，得出结论认为，存在三种方式，可以将科学专业知识整合到非专家的公共辩论中，以支持他们的观点。这三种方式包括："①使用经过科学家认可的科学数据来支持声明；②找出科学方法中的缺陷，以挑战特定的科学发现；③使用自己的科学数据提出要求"（55页）。为了支持这些特征，恩德勒斯调查了公众对尤卡山核废料处置库的反应，或纳入科学主张的回应。然而，他的分析未能确定科学理性如何影响非专家的论证。例如，在对公众试图对科学方法批判的讨论中，所引用的例子结果证明是公民对用于调查风险的科学方法的质疑，而不是对基于科学方法原则的科学论证的理性诉求的质疑（61-66页）。与公民科学和政策论证的主题更相关的是，恩德勒斯认为非专家公众可以使用他们自己的科学研究数据提出主张。然而，她没有提供基于原始公民科学的非专家论证的例子或分析来支持她的主张。因此，这项有潜力的调查提供了建议，但不足以说明技术化的科学理性诉求如何有效地为公共争论提供信息。

　　由于公民科学涉及公众中非专家成员与科学和科学家的直接接触，因此对于找出技术化科学理性诉求可能与非专业公众理性诉求相结合并对其有正面帮助的具体事例，公民科学提供了肥沃的土壤。

---

① 《修辞学会季刊》《修辞学和公共事务》《环境传播》《技术传播季刊》和《写作传播》。

这种潜力在处理该主题①的社会学文献中新近涌现的学术讨论中得到了证明。这些文献中，第一篇也是目前唯一的一篇文章是格温·奥廷格的《抵抗之桶》。在她的文章中，奥廷格以路易斯安那州的公民空气质量监测为例，详细探讨了技术化科学理性诉求在试图为炼油厂附近居民实现环境正义的政治努力中的作用。根据她的调查，奥廷格认为当地居民的公民科学活动——使用特制的桶来收集社区的空气样本，最终的结果达到了技术化科学理性诉求与非专业理性诉求的融合。她认为，这种融合扩大了参与政策辩论②的各方之间的论点和论据的共同基础，迫使美国环保署（EPA）对社区附近的空气质量进行官方测量（246-247页）。

　　尽管公民科学能在专家和非专家之间建立起关于辩论的新的争论点，奥廷格也认为这个案例说明了非专家和技术理性诉求在政策辩论中的差异和不平等。她举例说，科学认可的测量方法与激进团体和公民偏好的那些实践之间存在冲突。对于美国环保署和行业科学家来说，只有定期采集空气样本然后求取平均值，才能认为空气质量评估是准确的。然而，对于公民和环境正义的倡导者来说，当居民出现负面身体症状时采取的测量才更有意义，因为这样测量能够支持他们的目标，即说明这些社区的空气质量可能有多糟糕。

　　通过展示公民科学在创造共同点上的潜力，同时揭示专家和非专家论证者在诉诸理性上的差异，奥廷格希望活动家们能更好地理解如何在专家和非专家论证者之间的政策辩论中保证公平："在此，也许最令人惊讶的见解是，公民科学家有可能利用标准来发挥其优

---

① 在撰写本文时，还没有任何涉及公民科学的修辞学学术研究。
② 访谈的对象包括社区居民、环境正义组织成员，以及联邦政府和州政府的环境机构。

势，利用标准的边界桥梁进入专家主导的领域。那么，公民科学面临的挑战在于战略性地使用标准——尤其是要决定哪些边界可跨越，以及哪些边界不受挑战"（265 页）。

奥廷格的工作为我们提供启示：公民科学对于探索诉诸综合理性的重要性，及其作为专家和非专家论证间桥梁的价值，但是她的探索在许多重要方面都受到了限制。虽然奥廷格指出，公民科学活动可以影响政策结果，但在她的著作中，则基本没有证据说明它如何改变实际的政策辩论。例如，她解释说："通过直接将峰值数据与监管标准进行比较……社会活动家们断言（尽管是含蓄的），边界地区经历的峰值浓度对于社区长期健康非常重要"（257 页）。然而，她的评估明显缺少来源于实际公共讨论的直接证据，以鼓励支持她的读者接受这一结论。在没有从政策论证话语中证实证据的情况下，奥廷格要求读者接受其结论，要么是根据与奥廷格访谈的参与者的证词，要么是基于奥廷格自己对政策辩论的回忆，以及她在环境正义组织中嵌入经验。① 虽然这些代表了了解政策论证的重要来源，但它们只对政策审议中提出的论证的一般描述或回忆。然而，如果没有来自实际话语的证据，就很难确定公民科学以何种方式、在何种程度上影响了参与讨论的公民的论点，或者这些非专家公众是否参与了有关空气质量的公共辩论。

除了从话语中提供有限的主要证据外，在奥廷格的著作中，很少（如果有的话）探讨论证的语境在影响论证结果方面所起的作用。社会、政治、物质或经济力量是否在迫使美国环保署开展空气质量检测

---

① 奥廷格采访了来自美国环保署和路易斯安那州环境质量部的 5 名监管人员，以及壳牌化学公司的 10 名高级工程师和科学家。最后，她还是两个环境正义组织的观察员：环境改善组织和路易斯安那救援队。参见 Ottinger 247。

来回应公民科学方面发挥了关键作用？鉴于大部分政策论证的复杂性，类似某个公民科学项目这样的单一因素，可能不足以推动政策行动。如果我们承认政策争论是复杂的，而且往往受制于各种因素，那么接下来就要承认，理解语境的特征及其与公民科学的互动对于确定公民科学在何种程度以及何种条件下能够影响政策结果将很重要。

本章采用的分析方法试图模仿奥廷格在政策辩论中评估公民科学的优点并解决不足。与奥廷格的著作一样，这个分析通过对政策辩论参与者的访谈，确定公民科学的一般特征及其对政策结果的影响。然而，本研究也包括对在政策辩论口头和文本产生的话语的详细的修辞评估。例如，通过评估公民科学家在与地方政府代表举行的公开会议上提出的论点，可以准确地研究诉诸技术和非技术理性如何相互作用以支持公民科学家的政策论点。

除了提供具体的证据来说明参与公民科学活动可能如何影响非专家论证者的政策论点外，该分析还探讨了社会、政治和论证语境如何塑造专家机构论证者的政策论点和结果。例如，文中审视了佩皮斯住宅区/德特福德地区的重建计划如何影响当地政府对公民科学家提出的结论的反应。它还探讨了当地政府如何利用公民科学家的呼声和结论来支持他们自己关于解决佩皮斯住宅区噪声问题的最佳政策解决方案的论点。通过使用来自政策论点的实际叙述的证据，以及这些证据产生的语境细节，本章既提供了公民科学如何整合专家理性诉求和非专家理性诉求的说明，也关注到语境如何揭示公民科学在塑造政策论证和结果方面的复杂性。在此过程中，它超越了传统的审议论证的修辞研究，即把专家论证和非专家论证视为对立的，或者充其量是不可通约的论证方式。本研究还通过提供公民科

学对政策争论影响的话语和论证的直接证据，以及关于语境因素如
何与公民科学相互作用以影响政策结果的讨论，比当前对公民科学
的社会学调查更进一步。

佩皮斯住宅区的公民科学：两种理性叙事

对于本章的中心问题"公民科学可以在多大程度上以及通过何
种方式影响公共政策论证和结果"，佩皮斯住宅区的公民科学项目提
供了一个理想的案例研究，因为社区居民通过公民科学项目收集关
于当地环境问题的信息，利用这些信息形成论点并提交给当地行政
区代表。佩皮斯住宅区的公民科学项目始于 2007 年夏秋之时，当时
刘易舍姆区女议员海蒂·亚历山大（Heidi Alexander）通过与非营利
组织伦敦可持续发展机构①联系，了解到该计划。她向穆基·哈克雷
询问了该项目，认为德特福德地区的佩皮斯住宅区是一处进行公民
科学制图的理想地点，因为居民们抱怨了多年的废料场存在噪声危
害（"Citizen Science" 1）。废料场是维多利亚码头工业区内几家与汽
车相关的企业之一，这是一个位于佩皮斯住宅区/德特福德中心的工
业岛，四周环绕着高层住宅，毗邻一所小学和幼儿园。为响应女议员
的要求，哈克雷和他的同事们在 2007 年 11 月 26 日成立了一个地图
项目工作坊，向参与的社区成员解释了地图项目，并参观了他们计划
测量的区域（Haklay，interview）。

这次会议的结果是，当地社区的四名成员②自愿参加声音测绘。
在来自伦敦 21 世纪的科琳·惠特克（Coleen Whitaker）的帮助和指

---

① 参见 Haklay，Francis，Whitaker 26 and Pepys Community 8。
② 参与者包括露西安娜·杜西贝（Luciana Dualibe）、卡罗琳·福克斯（Caroline Fox）、詹姆斯·
　戴维斯（James Davies）和达尔瓦·詹姆斯（Dalva James）。参见 Pepys Community 8。

导下，他们在 2008 年 1 月和 2 月的七个星期里测量了工业区附近位置的噪声水平，最远至距离工业区 350 米处（"'Citizen Science'Takes Off" 2；Haklay，Francis and Whittaker 28）。这次持续的测量程序得到 385 个噪声测量结果①，并对测量到的噪声进行了定性评价。凭借他们的结果，公民科学家和他们的学者同事在 2008 年 3 月底或 4 月初与当地政府接洽准备召开一次公开会议，讨论佩皮斯住宅区的噪声污染问题。当地政府同意召开会议，但提出在六个星期后对他们所采集的数据作出回应。六个星期后，2008 年 5 月 15 日晚，举行了一次公开会议，参加者包括公民科学家、当地政府代表、社区居民以及环境署代表。② 会议上，几乎所有公民科学家（在录音中，他们被称为"社区大使"）以及支持他们的大学和非营利组织成员都做了发言③，这些支持者包括伦敦大学学院的穆基·哈克雷，伦敦 21世纪的科琳·惠特克和伦敦可持续发展机构的盖尔·伯吉斯（Gayle Burgess）。当地政府的代表有女议员兼副市长海蒂·亚历山大和两名行政区污染控制官员安东·墨菲（Anton Murphy）和克里斯·哈里斯（Chris Harris）。此外，环境署的区域代表马修·威尔逊（Matthew Wilson）也出席了会议。其余的参加者还有当地居民，社区居民无论老幼都有兴趣了解附近的噪声污染状况，并表达他们对该问题的看法和提出解决方案。

在 5 月 15 日的会议上，参加会议的公民科学家的政策论证遵循了这一类论证的典型顺序。正如法内斯托克和塞克尔所解释的那样，政策争论通常是从论证存在问题开始，然后上升到问题的原因所

---

① 这些测量值为相隔一分钟的三个读数的平均值。单个读数的数量共有 1155 个。
② 环境保护署（EA）与英国的环境保护局（EPA）职责类似。
③ 卡罗琳·福克斯没有出席。

在，最后是解决问题（Fahnestock and Secor 292 - 297）。在他们的陈述中，公民科学家们对问题的存在、原因和后果进行了论证，当地政府的代表们随后陈述了该怎样解决问题。分析的第一部分考察了三位公民科学家所做的陈述。这些演讲的内容来自会议录音和随附的幻灯片，揭示了三个主要论点：①佩皮斯住宅区存在高噪声，②废料场是一个重要的噪声源，③高噪声对健康有负面影响。通过仔细检查这些论据，这一评估为以下问题提供了一些答案，即公民科学能在多大程度上以何种方式影响政策辩论？这一分析表明，公民科学辩论者在他们的论证中整合了技术化科学理性和非专家理性，创造出一种混合理性。

通过噪声水平的量化数据与关于居民噪声生活经验的评价论据相互作用，这种混杂理性方式得到了清楚的说明。作为噪声地图项目经验的一部分，社区大使们通过测量给定时间和给定日期的多个录音的平均分贝，熟悉了量化噪声水平的科学方法（"Noise Mapping Toolkit" 1；Whitaker 2）。此外，他们还熟悉了可接受声级的国际标准以及超过这些声级可能产生的负面后果。这些专家方法和标准影响了他们关于噪声论点的证据，出现在他们的演讲中的首先是他们关于过度噪声水平的论点，然后是他们关于过度噪声可能导致的后果的结论。

证明存在噪声问题

在第一位公民科学家的介绍中，同时运用了定性和定量的证据来证明佩皮斯住宅区存在高噪声水平。她的主题是噪声的大小，她一开始就表示"我们发现佩皮斯住宅区某些区域的噪声特别特别大"。在说完这些之后，她向听众提供了证明噪声存在的定量数据。她的定量论证首先是借助从互联网下载的技术表格，建立不同噪声水平的基准,其中定量分贝数值与典型同等数值噪声事件的描述相匹配。[①] 例如,她用图表解释了交通登记处的噪声被标记为 80 分贝。[②] 除了使用官方标准将噪声等级与噪声事件进行匹配,她还使用来自各公共机构的基准来显示正常或可接受的噪声水平。尤其是她借鉴了世界卫生组织在《社区噪声指南》(*Guidelines for Community Noise*, 1999)中对噪声阈值的限定,其中提到"为了保护大多数人在白天不受中度的烦扰,室外声压不应超过 50 分贝"[③](WHO, *Guidelines* 61)。

　　一旦确立了可接受或中度噪声水平的定量技术标准,该公民科学家发言代表就将观众的注意力转向噪声地图项目收集来的数据,以证明佩皮斯住宅区内的噪声水平较高或不可接受。她的论证从描述极端噪声事件开始。在她对这些事件的描述中,将声音大小的定量测量与噪声事件的定性描述相结合。例如,在她最开始的例子中,她讲述了自己测量驶到废料场的卡车产生的噪声水平的经验。她解释说:"有时当大卡车、大货车……驶出废料场或在废料场边上停车时(声级读数)能达到82(分贝)。82 分贝已经接近非常非常吵了。"在她的第二个例子中,她描述了另一个测量自己公寓内噪声水平的参与者的经历:"(D[④])住在埃迪斯通楼。他在公寓里采集到的声音有时能达到82分贝。这令人无法忍受。夏天时,只要把窗户开大一点,他就会觉得太吵。"

---

① 参见附录 2。

② 在本例中,dBA 代表等效的连续 A 加权声压级,即在指定时间段内,人耳可听到的声级,单位为分贝。值得注意的是,在所有情况下,我们指的是随时间变化的声级平均值,而不是单个声音事件。参见"Noise Mapping"1 和"Frequency Weightings"。

③ dB LAeq 与 dBA 同义。参见"Frequency Weightings"。

④ 这里我用字母代替参与者的名字,以保护他们的隐私。

在这两个例子中，我们看到定量和定性的证据前后相辅相成，强调了佩皮斯住宅区噪声很大的论点。通过两种证据的共同运用，定量证据起到了重要的作用，因为它为判断这些噪声事件的极端情况提供了标准。如果说卡车噪声或你的公寓非常吵，可能会引起怀疑（"真的比其他地方都吵吗？"），除非有一些可比较的量度来判定噪声情况。在她的论点中，第一位公民科学家试图通过使用定量的声音值来应对这种挑战，通过使用噪声图表将这些声音值的大小进行情景化，她介绍完这些图表后紧接着就举了极端噪声事件的例子。如果没有量化的分贝等级和噪声图表，听众就很难判断这些噪声事件的程度。然而，如果没有定性的案例，这些数字本身可能对听众的影响力也要小很多。例如，对 D 的公寓的描述就把对噪声的亲身体验及其对个人的影响具象化了。根据噪声图表，埃迪斯通楼一间公寓的噪声读数为 82 分贝，就足以表明工业区附近的住宅空间噪声非常大。然而，想象一下在炎热的夏天不能开窗的居民的生活，在家里不断受到极高水平噪声的骚扰并且片刻也得不到缓解，听众能够切身意识到噪声会对人们的生活和生计产生非常实际的影响。通过将定量与定性证据相结合，演讲者既能避免主观主义的指责，又能以一种相关的方式证明问题的存在。

第一位发言者通过将定量和定性的证据结合在一起来证明居民所承受噪声的程度，而第二位发言者则整合了这些不同形式的论证方式，来论证高水平噪声的出现频率。证明噪声问题的出现频率对于公民科学家的案例极其重要，因为偶尔出现的高水平噪声可能不足以迫使地方政府针对该问题采取行动。为了令人信服地证明问题的存在，他们需要证明高水平噪声是他们环境中持续存在的一部分。为了证明这一点，第二位公民科学家使用了通过声音测量积累起来的定量和定性数据。这些数据描绘出一幅社区处于持续不断、难以忍受的噪声环境下的统计图。在长达七周的噪声测量（共 385 次测量）中，264 次读数（69％）平均值超过了 60 分贝，199 次读数（52％）超过了 65 分贝：分别高出世界卫生组织公布的可接受噪声水平基准 10 到 15 分贝。数据还表明，甚至在晚间（晚 7 时至 11 时）和夜间（晚 11 时至早 7 时），噪声水平也可能超过世界卫生组织公布的阈值。在晚间，70.3％的噪声等级测量数据（37 次读数中的 26 次）超过了 60 分贝。在夜间，接近 44.8％或几乎一半的读数（29 次读数中的 13 次）都超过了 60 分贝的阈值。

　　针对社区存在持续高于可接受噪声阈值，这些数字描绘出了一幅令人信服的画面，但是在第二位公民科学家的介绍之前，这些数据的重要性并未受到足够的关注。在她的陈述中，她使用一系列结合了研究中定量和定性数据的条形图，以引起听众对噪声事件频率的关注。在前两个图中，噪声地图调查的定量数据与标准化噪声水平阈值结合在一起并进行比较。第一张图使读者重新了解定性声音描述（安静的、能听到的、响亮的等）以及与它们对应的定量噪声阈值之间的关系。在图中，定性描述用 x 轴表示，定量噪声水平用 y 轴表示。第二个条形图[①]和第一个类似，也用 x 轴表示定性噪声水平。其中 y 轴上的定量噪声阈值则替换为公民科学家对每个噪声等级类别（安静的、能听到的、响亮的等）进行定性评估的数量。因此，第二张图的条形让观众能够从视觉上直观地比较每个定性类别的响应数量。根据这些对比，非常明显地可以看到响应最多的三类从高到低依次是"响亮""非常响亮"和"极度响亮"。

---

① 参见附录 3。

虽然这些图表很可能足以定性地说明大多数受访者所认为的声音等级高于可接受的噪声阈值，但第二位发言者还希望通过回顾多少响应是高于阈值的，来定量地进一步强调这点。为此，她通过口头将所有类别的响应次数加起来，累计后提出以下论点："我们测了 385次读数，是的，然后如果你算上响亮、非常响亮、再加上极度响亮……如果你把（响亮）的 120 次加上，再加上超过 80 分贝的（非常响亮）次数，就有 200 次。再算上大约 60 次（极度响亮）。如果把这些都加起来……就是 260 次响亮、非常响亮和极度响亮的读数。这个数量太大了，是非常非常烦人的。"

在数据这一表示中，我们再次见证了定量和定性论证的相互强化。此处说明了读数的次数，并最终得出定性/定量的结论，即在公民科学家所收集的大多数数据中，噪声是响亮的、非常响亮的或极度响亮的。这种定量和定性论证的结合对确定这些噪声的发生频率是至关重要的。如果没有定量证据证明在 385 次噪声中有 260 次都已经高于临界值，论证者就必须依靠他们的主观判断说明噪声"很多"或"非常频繁"。这样的观点虽然是他们的亲身经历，但在正式的政策辩论中是站不住脚的。相反，如果严格使用量化数字进行论证：读数超过 60 分贝 120 次，超过 70 分贝 80 次等，那么身处噪声中的人们就很难产生共鸣，因此对立即采取行动的紧迫性就不那么强烈。通过使用"响亮""非常响亮"和"极度响亮"的定性描述，论证者能够让观众对居民的困扰产生共鸣，体会到为什么需要采取行动来结束这种困扰。

证明噪声来源

在确定问题存在的论点中，定量数据和判断噪声水平的科学标准与公民科学家的定性经验相结合。然而，随着论证从事实转向来源,定量数据在论证的技术组成部分中发挥的作用就不再那么重要了。与此相反,伦敦大学学院全球信息系统专家创建的声音等级和声音读数位置地图起到了填补技术理性的作用。在讨论了上述噪声的频率和性质之后,第二位参与数据收集的公民科学家提出了一个问题:"噪声来自哪里?"然后,她开始回答这个问题,定量和直观地用一个条形图作出了公民科学家们对这个问题的回应——"你听到的最响亮的声音是什么?"在八类声源中①,两大公认的噪声源是"废料场"和"交通",对交通的识别度略高于废料场②。在第二位公民科学家的口头陈述中,她强调了这些发现,并论证了包括交通在内的许多类别的噪声,都可以归因于废料场:"噪声从哪里来?……大部分噪声来自废料场和交通。如果你看到了,如果你认为废料场(应该对噪声负责)……,那么页面上的所有这些东西(指条形图上的其他类别的噪声源)都应该对交通噪声负责,也应该对卡车噪声负责,那么你就会发现,如果噪声来自废料场,它非常非常……,极度吵了。"

通过结合交通、卡车和废料场,第二位公民科学家为观众重新解释了初步的因果关系。例如,交通不是噪声的主要原因,而是次要原因,其噪声必须至少部分归因于废料场,因为假设没有废料场,该地区的交通量就会减少,相应的噪声也会减少。这一推理也适用于卡车,它们在废料场周围经常存在,可以直接与其运营关联在一起。因此,噪声地图测量中关于噪声源的定性响应,通过准确描述声音测量人员确定的声景内最大的声音,有助于确定因果关系。此外,声音测量为公民科学测量人员提供了考虑不同噪声来源之间关系的机会,

---

① 这些类别是飞机、鸟类、卡车、其他、废料场、交通和火车。
② 废料场大约收到 108 次,交通 110 次。紧随其后的是飞机,大约有 38 次。参见附录 4。

并就该地区的废料场与卡车（交通运输）之间的其他因果关系提出论点，尽管这些关系是推测性的，而不是由数据导向的。

为了强化最初的论点，即废料场是噪声的主要来源，社区大使将观众的注意力引导到一张地图上，地图显示出读数的收集地点，其中废料场被确定为噪声最大的来源（图 9）。在地图上，每个符合这一标准的读数都标有橙色圆点，而其他来源的读数则保留为白色。乍一看，奥克西斯托斯路和格罗夫大街上密集的橙色圆点引起了观众的注意，这并不特别令人惊讶，因为它们代表了在废料场附近收集到的声音读数，我们预计它将是最大[①]的噪声来源。有趣的是，当演讲者说到"这一片来自废料场"时，略过了这些读数，只是作为例行公事似

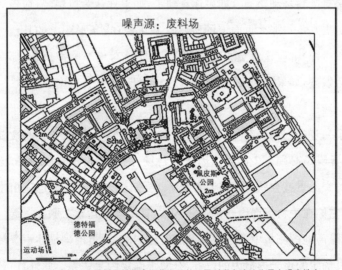

图 9　声学地图中废料场被佩皮斯住宅区的公民科学家确认为最大噪声地点

[①] 我在这里使用"最大"是因为演讲者没有明确指出位置，所以不能完全确定她指的是这个区域。很有可能她完全忽略了这些读数，这加强了我的结论，即我们预期废料场中发出最高密度噪声的区域对她来说并不重要。

的参考。相反,她将讨论重点集中在废料场是最大的噪声来源上。她从最远的泰晤士河边标记开始:"如果你从河边看,就能听到废料场的声音。"然后,她又说到第三远的德特福德公园:"如果你在德特福德公园看……最大的噪声来自废料场。"最后,她又指出了一系列的标记,其中一些是比较远的,一些是靠近佩皮斯公园地区的废料场:"这里(在)佩皮斯公园以及周围,最大的(噪声源)是废料场,的确是这样。"

重新编码地点的地图中,最大噪声来源被确定为废料场,通过使用这张地图并将注意力放在这些最偏远的实例上,公民科学论证者就能够强化这个事实,即废料场是佩皮斯住宅区噪声污染的重要来源。虽然在她陈述的第一部分中,定量/可视化条形图多次被用来证明废料场是噪声的来源,但该地图进一步论证了废料场并不仅仅影响当地的社区,其影响范围更大。这种关于废料场所影响地理范围的论点,通过确定主要噪声源次数的定量测量是无法被意义的证实的。尤其是当我们想到很多读数都是在靠近废料场的地方获取时,那些地方的主要噪声来源是废料场就并不奇怪了。要证明在整个地区中废料场都是噪声的普遍来源,就需要绘制数据并突出显示废料场被确定为噪声污染主要来源的偏远地区。

就像第一位公民科学家陈述时的情况一样,我们在第二位公民科学家的陈述中看到了来自生活经验的非专家理性与技术科学评估的专家理性之间的统一关系。如果没有地理信息系统的绘图技术支持,以及哈克雷团队记录定性观测的精确位置并进行绘制,社区大使就很难说服本社区以外的居民相信,废料场是噪声场景中的最主要组成部分,其噪声对整个社区范围都产生了影响。这说明了由数字技术支持和启发的公民科学对社区大使论点的影响。然而,如果没有社区大使的讲解，也就无法引导观众了解地图的意义。只有基于社区的生活经验及其问题的背景下来呈现地图，才能揭示出数据及其可视化的重要性。换句话说，如果没有第二位陈述者强调废料场也是地图边缘部分的噪声源，观众就不会意识到对于社区居民来说，地图所展示出的废料场作为整个社区噪声源所影响的范围有多广。

证明后果

前两位公民科学家的演讲重点是证明噪声污染的存在和来源，而最后一位演讲者则研究了持续的高噪声对社区居民的健康可能产生的后果。通过研究噪声水平的负面后果，论证者强调了噪声对居民的潜在风险，以此来引起不同观众的情感共鸣。从自治市代表的角度看，对后果的讨论试图引起对其选民福利的关注。从社区成员角度看，这是激起人们对遭受这些风险的愤怒的一种策略。在这两种情况下，这些情感诉求要么是为了推进政策行动，要么是给那些有权采取行动的人施加压力。甚至在社区成员充满感情的发言结尾处，来自公民科学的技术化科学理性在论述中仍起着核心作用。

第三场演讲内容可以分为两部分。在第一部分中，公民科学家讲述者向观众提供了从各种医疗、机构和媒体①获取的科学事实，列举出持续暴露于高水平噪声可能带来的负面健康后果。这一部分的幻灯片包含"压力和噪声""自主神经系统"和"噪声引起的疾病"等标题。在开篇幻灯片中，他就人类与噪声的生理关系提出了两个基本观点：①我们不能控制自己对噪声的生理反应；②噪声会影响我们的自主神经系统以及与之相关的所有器官（心脏、胃、大脑）。这些要

---

① 这包括 Lund, Jepsen, and Simonsen; World Health Organization, "Occupational and Community Noise"; 和 "Loud Noises"。

点既强调了暴露于高水平环境噪声下人的受害状况，也强调了其对人类健康的影响范围。

一旦问题的性质和范围得到解释，演讲就能提供与过度噪声环境具有科学相关性的具体案例，这些案例都是关于各种负面健康影响的，包括听力障碍、心脏病发作、抑郁症、反社会行为，甚至流产。为了赋予这些负面健康影响以权威性和客观性，案例都来源于各种科学、权威机构和媒体。使用权威来源并赋予陈述以客观性，对于公民科学家的论证非常重要，因为可以帮助他避免指控其声称社区成员可能经历的健康风险是主观的。此外，这也权威地确立了特定健康影响与噪声之间的联系。

在演讲的第一部分，通过权威来源将噪声与特定的健康风险联系起来，第二部分提供了来自公民科学项目以及与项目相关来源的详细信息，强调了佩皮斯住宅区的居民生活在噪声水平远高于平均水平的环境中。在介绍了负面健康影响之后，重新介绍有关当地噪声水平的情况，可能会促使观众联想到社区的噪声环境可能对他们产生有害的影响。这部分的第一张幻灯片"噪声暴露"中，讲述者向观众提供了"显示埃迪斯通楼住宅内平均噪声水平的样本。"与之前演讲中的公民科学参与者提供了整个住宅区噪声平均读数的定量论证不同，这次记录者只提供了几个在他家里测量的数据点。这种个性化数据的使用似乎旨在让观众觉得噪声的健康风险离自己更近。这些风险不再只是科学家们在可控的技术环境下研究的一些问题。而是在社区成员和观众居住的公寓内探索的问题。此外，暴露于被认为不健康噪声水平的环境中的不再只是研究中的匿名对象。相反，站在观众面前的发言者就是自治市的居民、社区成员和深受其害的邻居。

借助公民科学项目收集到的数据，发言者向观众详细说明了他在日常生活中面临的风险水平的量化值。利用 1 月份测量的两天噪声平均值①，他计算出自己公寓内的平均噪声数值为 78.55 分贝。他还解释说，他在公寓里还测到过高得多的数值："在我的家里，我记录到了 89 分贝，噪声太大了。在我家的窗口，我还记录过 109 分贝。"根据这些测量结果，发言者将他自己的经历与观众中其他社区成员的经历联系起来，并将他们在家中共有的日常噪声经历与噪声对健康的负面影响联系起来："请记住，我们在相当长的时间里一直受到这种噪声的影响。请再次记住，它降低了我们所有人的生活质量。它还会给儿童造成压力。（这会造成）对孕妇的重大影响。事实上，噪声是引起流产的原因。（它可能会增加引发）脑卒中、抑郁以及心脏病的风险。"在这些句子中，使用代词"我们"以及短语"我们的生活"，把发言者在自己家里经历的噪声污染问题扩大成观众们家中的一种普遍现象。在获得这种认同之后，他列举了与高噪声水平相关的负面健康影响，大多在他的演讲中通过幻灯片第一部分已经讨论介绍过。这在临床上确定的噪声健康风险与听众的噪声生活经历之间建立起一种联系。这种联系的价值在于，它促进了一种紧迫感，因此迫切需要采取行动或呼吁他人采取行动。

事实上，在第三位公民科学家演讲的最后一张幻灯片中，他试图利用他创造的迫切需要，提出需要采取行动来解决问题。他通过对他在演讲中确立的事实的总结，开始陈述最后一张幻灯片："噪声伤害了我们。这一点没有争议。这是医学界公认的。这在立法机构是众所周知的……居民区的噪声问题非常重要。"然后演讲者建议，尽

---

① 测量时间是 2008 年 1 月 26 日和 1 月 29 日，第一次是下午 1 点 17 分，第二次是下午 12 点 24 分。

管是间接的，需要做什么来解决噪声问题。他解释了不止一次，而是两次："负面影响的减少或缓解只能通过消除噪声或降低噪声来解决。"尽管本次行动呼吁中从未明确提到废料场，但在前两次演讲的情况下，第三位公民科学家显然主张要么彻底清除废料场，要么至少由自治市政府采取一些行动，限制废料场产生噪声量。

通过仔细研究公民科学家在社区会议上的陈述，可以表明公民科学如何影响非专家论证者的政策论证。这部分针对论证的口头、文本和视觉组成部分的缜密分析表明，技术化科学论证（定量数据、官方单位和评估声音的标准，以及数据的专家制图表示）和从生活经历中获取的非专家论证在公民科学家的论证中并不是竞争关系和发生冲突的，而是相辅相成的。这种混合论证不局限于公民科学家论证的特定部分，而是在确定问题的存在、原因及其后果方面发挥了开创性的作用。这种合作表明，技术化科学论证不必从根本上被视为与非专家论证者的论证格格不入或相敌对的。事实上，情况则恰恰相反。公民科学使社区成员生成一种论证来验证他们的生活经验，同时让他们用观众席中自治市代表耳熟能详的技术语言和方法来构建这些经验，从而希望说服自治市代表们采取行动。然而仍然存在的问题是，这种诉诸混合理性的论证方式是否真的对决策者有说服力？说服最终会带来有利于社区居民的行动吗？为了回答这些问题，就有必要研究自治市如何回应这些争论，以及他们可能采取哪些政策行动来解决其选民们的担忧。

自治市政府回应：说服力、紧迫性和公民科学在政策论证中的命运

佩皮斯住宅区噪声地图项目成果报告称，这是一个堪称典范的

例子，表明了由技术迫切需求驱动的公民科学如何能够增强社区的影响力，促使政策制定者为其利益采取行动。2008 年 6 月，即自治市代表与公民科学项目参与者举行会议的几个月后，伦敦 21 世纪的一份在线新闻稿中宣布，该自治市已针对公民科学家提出的问题采取了行动："刘易舍姆委员会和环境署承认存在问题。在看过（公民科学）调查的结果后，环境署已任命一名声学顾问对废料场内外的噪声进行详细分析"（"'Citizen Science' Takes Off" 1）。环境署于 2008 年 7 月启动对废料场的声学调查，并一直持续到 2010 年 1 月。在此期间，环境署还建议佩皮斯住宅区/德特福德的居民，当废料场嘈杂声过大时可以向官方投诉。根据投诉和声学测量结果，废料场于 2009 年 10 月被吊销许可证（SIMPLIFi Solution）。尽管许可证被吊销，但该废料场继续运营，引发了更多的居民投诉，并促使环境署在 2010 年 3 月至 7 月期间对该场所进行视频监控，以记录未经许可的活动（Lawton and Briscoe 13 - 15）。环境署掌握废料场继续非法运营的证据，于 2010 年 9 月对废料场所有者提出正式约谈。在没有得到回应后，他们正式起诉废料场的非法运营。截至 2011 年 10 月，该废料场"没有接收任何新废品，非法活动与几乎所有投诉一起停止了"（II 页）。最终，2011 年 12 月 19 日伍尔维奇皇家法院对废料场的非法活动处以超过 23 万英镑的罚款（SIMPLIFi Solution）。考虑到项目结果报告中的这些细节，可以看到通过引起当地政府对废料场问题的注意，并为自治市对废料场采取行动提供必要的证据，公民科学噪声地图项目似乎有助于激发政策行动。虽然这些假设在一定程度上是有效的，但针对自治市对噪声地图数据的反应及其解决问题的策略更仔细的评估表明，公民科学家在发起和促使政策行动方面的作用既不直接也不简单。

公民科学说服力在政策决策中的局限性

从公民行动到政策变化，公民科学被证明并不是一条平坦的道路，原因之一在于，它所提供的关于噪声干扰的证据并未促使自治市关闭废料场。相反，自治市政府选择对废料场进行额外的声学调查。这一行动决策表明，虽然自治市代表认为公民科学数据令人信服，但数据的说服力还没有充分到可以采取政策上的行动。自治市的官员在 5 月的会议上对公民科学家的发言所作的回应表明，自治市政府需要建立更坚实的行动信念。例如，在刘易舍姆污染治理官员克里斯·哈里斯开幕词中，祝贺居民们的工作具有说服力。然而，做出这些评论后他随即解释说，决策过程的下一步工作是聘请专业公司进行噪声测量："坦率地说，我同意这些调查结果。我认为噪声是一种干扰……目前的解决方案是我们需要查看噪声情况……我们正在与环保机构合作，我们将任命一名声学顾问来进行噪声调查……这个计划会确定我们可以控制（噪声）的区域范围。"

哈里斯在声明的开头，解释说他同意公民科学家的发现，并打算采取行动。然而，这个同意的态度是缓和的。自治市将采取行动，是因为辖区内的选民们已经证明他们受到噪声的困扰，而并不是因为他们的数据足以证明可以合理地立即对废料场采取政治（法律）行动。此外，他所建议的声学调查行动，并不能解决废料场噪声问题；相反，这更多的是为了确定存在问题，如果公民科学数据本身就足够有说服力，那么这种行动就没有必要。

哈里斯和其他自治市代表对公民科学的立场与一些参会社区成员的期望背道而驰，他们本来期望公民科学能够有力地在政策制定者中建立对该问题的信念。哈里斯表示下一步应该对废料场进行声学评估，观众对此的反应表明了这与他们的期望不符。在他开篇陈述之后的讨论时间，一名女性沮丧地感叹道："关键是我认为现在就应该取缔它（废料场）。不是等待以后……我们做了调查……多年来我们一直在收集信息。因此，感觉（再来一次新的声学调查）我们又返回到了起点。"从这里我们看到，居民们对自治市认为已经收集到的数据不足以关闭废料场的观点感到失望。哈里斯和副市长海蒂·亚历山大在居民们的回应中感受到了这种失望，并努力解释，来证明自治市重新裁定的替代性标准是合理的：

> 海蒂·亚历山大：虽然你们（公民科学家）收集的数据属于其中的一类，但（来自声学调查的）具体数据能够让我对噪声困扰程度做出决策。我认为这可能值得你（指克里斯·哈里斯）来解释下为什么你需要不同类型的数据。
>
> 克里斯·哈里斯：这些（来自声学调查的）数据能做到的是……如果进行（任何）特定的工作，某些（废料场产生噪声的）活动……我们将能够监测它们，进行对比，还可以根据活动背景水平进行比较……然后可以了解到侵扰并停止……这些活动，因此可以深入了解正在发生的活动的更多细节，然后帮助我们构建图景，以便让我们了解该如何更进一步降低噪声水平。

亚历山大在开幕词中重申，有两种不同的方式可以进行重新裁定，她要谨慎地区分出能够产生裁定并在决策背景下作为采取行动正当理由的数据，以及不具备这些条件的数据。当她将公民科学数据称为"其中的一类"时，她含蓄地将之归为后者，这不同于声学调查数据，而声学调查数据使她能够"决定"对废料场采取什么行动。

虽然亚历山大对数据类型的区分证明了她的论点，即公民科学家收集的数据不能对决策产生影响，但无法明确地解释为什么声学调查收集的数据可以。这一点她留给哈里斯来解释，哈里斯的答案基本上认为声学调查能够更精确地定位噪声来自哪里。尽管公民科学项目的结果清楚地表明，废料场是一个重要的噪声来源，但并没有准确地指明废料场操作中的哪些方面造成了噪声。对居民来说，收集数据时确切的噪声来源是无关紧要的。他们的目标是证明废料场是一个巨大的噪声困扰。在这样做时，他们认为收集到数据就足以让自治市针对废料场采取直接行动。他们没有考虑到的是，自治市可能会考虑采取一系列的替代措施，包括不关闭废料场而是要求停止或减少运转时某些特定噪声。在政治背景下，这一选择可能更为可取，因为既能实现达到较低的噪声水平，也能避免自治市政府被指控为针对废料场并对其使用严厉的监管策略。然而，在社区居民看来，根据他们所记录的噪声水平，不能接受除了关闭废料场外的其他任何措施。通过研究自治市对公民科学项目的回应细节，显然公民科学与针对废料场的政策行动之间的关系是复杂的。虽然公民科学项目迫使自治市采取了行动，但自治市收集更详细的声音信息而采取的行动并不符合社区居民的预期。

重建：公民科学的隐性危机

除了从公民科学项目得出的结论与自治市采取行动决策之间的关系并不直接之外，社区所接受的作为公民科学基础理论的迫切性与推动自治市支持公民科学的迫切性之间的关系也并不那么直接。这个案例要考虑的一个重要细节是，将可持续社区地图项目引入佩皮斯住宅区/德特福德地区的最初要求，是伦敦可持续发展交流会在该选区的女议员和副市长海蒂·亚历山大的要求下提出的。[①] 从表面上看，这一要求可以被认为是亚历山大对她的选民提出的记录废料场噪声水平请求的回应，以便据此采取政策行动。然而，正如我们刚才所考虑的那样，自治市代表认为噪声地图项目的数据不足以采取政策行动，这就提出了一个问题，为什么自治市不从一开始就开展专业的声学分析？一个可能的答案就是权宜之计。低成本或无成本的公民科学项目可以为自治市提供原始的初步证据，证明存在噪声干扰，也可以帮助他们决定是否有必要进行更广泛、更昂贵的声学评估。然而，如果我们考虑到公民科学更广泛的社会政治背景，就会出现第二种选择。

正如我前文提到的，刘易舍姆自治市位于伦敦东部和南部地区，是过去十年大规模重建项目的重点区域。由于佩皮斯住宅区/德特福德毗邻泰晤士河，同时还是伦敦最贫困的地区之一，它为重建提供了一个理想的目标。在 2008 年的政策文件《伦敦德特福德的复兴》(*Regeneration in Deptford，London*)中，概述了这一地区的重建设计方案，列出了公民科学项目实施期间为刘易舍姆自治市提出的至少七个[②]重建项目(Potts 19 - 31)。在这七个项目中，有四个是为佩皮斯住宅区附近的德特福德提出的。这四个[③]重建地点中，有一个尤为特殊，就是德特福德码头，对于本次调查具有重要意义，因为它覆盖

---

① 有三个资料来源指向亚历山大是最早与可持续社区地图项目接触的人。一是我对穆基·哈克雷的采访。参见：Haklay。二是哈克雷发给我的一份 2008 年 5 月 15 日会议的音频文件，亚历山大自己说道："这项工作(噪声地图项目)开展的原因之一是因为我说过希望做这项工作。第三是《佩皮斯社区论坛年度报告》(*Pepys Community Forum Annual Report*)。参见 Pepys 8。

② 这包括千禧码头，护航码头，佩恩斯/博思威克码头，德特福德码头、溪边码头、皇家码头/犁道和海上码头。

③ 这包括护航码头、德特福德码头、皇家码头/犁道和海上码头。

了维多利亚码头工业区，废料场就位于其中。作为伊夫林选区的议员和复兴计划内阁成员，海蒂·亚历山大深入参与了佩皮斯住宅区/德特福德地区的重建计划。她的职责之一就是不仅需要征得土地所有者或租户的同意，还要征得当地社区的同意。考虑到她在重建中的领导作用，以及她要获得一致同意的目标，她提出的对公民科学项目的要求，就可以被解释为一种建立邻里支持的策略，以此来支持重建废料场。

亚历山大 5 月 15 日在会议上发表的初步评论显示，公民科学噪声调查与该地点重建之间存在联系。她说，"我们（自治市议会）需要看看我们能做些什么尽量（在短期内）减轻（社区噪声地图项目中所确定的废料场）的实际负面影响。从长远来看……我们正在考虑将该地点重新改造为混合区域，包括适合就业的场所……和一些新的住宅。"通过这些言论，亚历山大告诉观众，议会已经对废料场制定了新的规划。在这些规划中，德特福德码头是一个就业和居住混合的区域，公民科学项目提出的噪声问题有了长远的解决方案。为了向观众保证公民科学家的工作并没有白费，亚历山大提出他们收集废料场噪声数据的工作对激励支持重建的政治行动将有所帮助。她还为该自治市委托进行声学调查的行动辩护，认为这是一项必要的权宜之计，旨在先为居民找到降低噪声水平的方法，直到制定出重建的长期政治解决方案："在你的居住区旁边，有一座废料场并不好……有人实际上正在大量购买那里的地块，并且……（已经）提出了重建提案。现在我们需要在议会内部制定规划政策，来确定如果这个开发商购买了很多土地，我们是否可以采取类似于强制征购令的行动。这不是一朝一夕的问题，需要从长计议。因此在这期间，通过声学调查，来帮助我们寻找减少影响的方法，这对我们来说是一个积极的步骤。但从长远来看，我们如何才能摆脱废料场是需要讨论的一部分。"

将公民科学项目与自治市的具体政治行动联系起来，亚历山大在中间发挥了关键性作用，她解释说，自治市或许能提出一个强制征购令，原因可以是废料场临近社区，对居民造成噪声干扰。因此，公民科学家收集到的关于废料场是噪声困扰的数据，虽然不能立即令人信服和采取行动，但事实上从长远来看，在为迁走废料场方面发挥了重要的政治作用。

自治市还利用公民科学家收集到的数据作为重建的理由，相关证据是为支持德特福德码头项目而制作的材料。例如，在社区协商报告《德特福德码头社区参与声明》(*The Wharves, Deptford Statement of Community Involvement*)中，废料场造成的噪声困扰被作为社区支持重建的主要缘由。废料场的负面影响被提及了 20 次[①]，"噪声污染"或"废料场"这些词是支持重建的社区关注的首要问题。例如，在报告中标有"很多人喜欢"的部分，开头一行写着："废料场和汽车破碎机的停用及其早期的场地清理仍然是提案中最受欢迎的方面之一"(Soundings 17)。在社区协商报告中，废料场扮演了促使大众迫切需要重建的角色，这一事实令人怀疑公民科学计划是否可能对社区情绪产生了影响。仔细地审阅这些报告的内容及其发展背景，可能得出两者之间存在联系的结论。上下文中一个能显示联系的特征是协商时间。根据该报告，社区协商始于 2008 年 12 月，也就是 5 月自治市与公民科学家会议之后的半年多一点的时间。虽然时间上的接近是这两个事件之间有一种联系的间接证据，但它支持这样一种

① 这个数字是使用关键词"噪声""废弃""废料场"在 PDF 文件中搜索出来的。

可能性，即被询问有关社区问题的居民可能已经知道公民科学调查的结果，并在被咨询关于该项目时仍对调查结果记忆犹新。

　　也许公民科学项目对该文件论点的影响更令人信服的证据在于，文中间接提到了公民科学家在 2008 年 5 月与自治市举行的会议上提出的投诉。例如，在题为"噪声污染"的部分，作者解释说："对当地社区来说，目前的问题是奥克西斯托斯路上的汽车破碎机和废料场的噪声。在居民无数次投诉之后，刘易舍姆议会进行了一次噪声审查。我们还被告知运送货物进出现场的卡车也造成了噪声方面的问题"（Soundings 122）。在这段话中，作者两次引用了公民科学家的论点。在第二句的结尾，他们提到了在"居民无数次投诉"之后进行的噪声审查。考虑到自治市在 5 月 15 日会议上的回应，我们知道促使自治市采取行动的投诉是由公民科学家提出的，并得到他们活动的支持。引文的最后一句话强调了这一假设，特别提到了第二位公民科学家陈述的论点，将卡车噪声和废料场噪声的因果关系联系在一起。

　　公民科学和科学家影响了社区协商报告中关于重建的平民化论点最令人信服的证据可能在于，参与该项目的人也接受了报告作者的采访。在这些采访中，每个案例都对废料场提出了反对意见。刘易斯·赫利茨虽然没有直接参与数据收集，但作为 5 月 15 日公民科学家和自治市会议的主持人，他与噪声地图项目及其研究结果密切相关。作为佩皮斯社区论坛的负责人，他多次就重建问题参与协商。① 这些协商的摘要被刊载于社区参与文件中。在一次协商

---

① 文件《德特福德码头社区参与声明》中记录了 2008 年 12 月 3 日、2009 年 8 月 13 日和 2009 年 9 月 15 日与赫利茨的三次协商。参见 Soundings 219‑25。

中，①废料场及其噪声问题被确定为主要讨论点。在题为"废料场"的部分中，作者报道了赫利茨的评论："它必须在某个时间被拆除。你将无法吸引任何人在一个有废料场存在的开发项目中生活或做生意"（Soundings 224）。

除了赫利茨支持拆除废料场的言论外，参与噪声地图项目数据采集的四位公民科学家中的两位也提出了论点。据报道，达尔瓦·詹姆斯和杰米·戴维斯也在伊夫林社区花园的协商中把这个废料场作为讨论的焦点。② 他们对废料场的评论在题为"对废料场的担忧"的部分得到了强调，在这部分中作者报告说："达尔瓦和杰米都表达了他们对废料场给附近居民区带来的负面影响的担忧。噪声污染很严重……杰米说，社区多年来一直在这个问题上向议会施压。两人都强烈认为废料场应该被拆除"（Soundings 243）。

正如协商文件中的文本证据所揭示的，公民科学家的结论和经验对文件中提出反对废料场起着持久的作用。然而有趣的是，文件中既没有提到公民科学项目，也没有提到这些受访者参与该项目。这就提出了一个问题，自治市或与之合作的咨询机构③是否知道或披露其采访的社区成员参与了公民科学这一事实，这真的很重要吗？我认为确实如此。《德特福德码头社区参与声明》并没有报道詹姆斯、戴维斯和赫利茨一直积极参与了确认废料场周围噪声的项目，它给所有读者的印象是，社区对废料场不满的证据仅仅代表了社区成员的生活经历。这种表述是对我在第二章中描述的非技术道德的不恰当诉求。通过让观众假设这些社区文件是对当地情绪毫无修饰、

---

① 2009 年 8 月 13 日。参见 Soundings 222 - 25。

② 这次会议于 2009 年 7 月 16 日召开。参见 Soundings 242。

③ 在这个案例中，这个咨询公司是 Sounding，一家位于伦敦的利益相关的咨询公司。

毫无准备和毫无动机的表达，自治市和创建这些文件的公司错误地将它们视为公众情绪的自由表达。如果该文件明确承认，社区对废料场的一些评论和报告的意见是通过一个由自治市复兴计划内阁成员发起的一项有组织的研究计划而制订的，那么这些评论和意见在多大程度上可以被视为是公众对废料场不满的自然表达，很可能会受到反对重建者基于道德基础的质疑。

　　除了揭露的道德问题外，在《德特福德码头社区参与声明》中使用公民科学家的结论和声音也提出了一个问题，文件中对问题的陈述和提出的解决方案是否与公民科学及其所代表的社区的观点相对应呢？在这种情况下，几乎毫无疑问的是，自治市、公民科学家和住在废料场附近的社区成员一致认为，这一业务是当地的公害，需要进行清理。然而，这并不意味着这些观点代表了生活在佩皮斯住宅区的每个人的观点。有趣的是，《特特福德码头社区参与声明》这篇报道称，不住在废料场附近的居民并不认为这是一种困扰，也不认为它代表了重建的迫切需要："我们观察到，那些没有住在汽车破碎机或废料场附近的人认为这个地方'很好'，应该保持原样"（Soundings 167）。作者在另一节中驳斥了这些不同的观点，称"除了少数往往不是住在该地点附近的人外，几乎所有人都支持废料场的拆除"（210页）。虽然没有令人信服的证据表明，公民科学项目可能被用来扩大该废料场被社区认为是一种烦恼的程度，但它确实增加了被用来达到这一效果的可能性。

　　也许一个更严重的担忧是，公民科学可能被用来证明一个没有得到社区充分支持的解决方案的合理性。正如前面段落中的证据所表明的，社区协商文件的目的是提出支持和反对德特福德码头项目的论据，它提出拆除废料场是支持重建计划的最普遍的正当理由。

此外，被披露出的还有报告利用了公民科学的结论和公民科学家的证词来证明废料场的问题。由于认为废料场是个问题的论点对于一份提出重建项目理由的文件是至关重要的，公民科学和公民科学家与支持重建作为解决问题的方案是紧密相关的。这就提出了一个问题，社区对这个问题的看法是否通过公民科学的结论和公民科学家的声音来表达？要回答这个问题，重要的是审查是否有不同意将重建作为解决方案的意见，以及这些意见是否可以追溯到与公民科学项目有关的社区成员。

在社区咨询报告中，有不少反对重建项目的意见。其中最重要的是，通过将维多利亚码头工业区的废料场和其他企业迁走，议会将削减伦敦最贫困的地区之一的就业机会。这些反对意见来自广泛的社区，包括与公民科学项目密切相关的人。例如，尽管刘易斯·赫利茨支持迁走废料场，但他显然也担心重建对附近地区就业的影响。他在一次关于佩皮斯住宅区/德特福德地区居民购物的交流报告中暗示了这个问题："这个地区很穷，所有的钱都流向其他地区。这也是当地企业逐渐倒闭的原因。需要将收益'回馈'到该地区才能维持当地企业的活力"（Soundings 219 - 220）。佩皮斯社区论坛董事会主席马尔科姆·卡德曼提出了一个更为直接的挑战，即重新开发以解决废料场问题。卡德曼主席了解公民科学项目，甚至在自己的博客上发布了相关的博文。① 在一封以租户行动小组负责人的身份写给自治市的信中，他明确表示反对该自治市针对废料场问题的重建解决方案。他写道，

---

① 参见 Cadman，Pepys。

我们(租户行动小组)强烈反对德特福德的奥克西斯托斯路码头的规划提案……LB(伦敦自治市)刘易舍姆政策……按照当地社区的理解，这个地点应当被保留为工作区……目前这里进行的工作对当地社区是有益的……由于噪声和污染，与就业用途唯一密切相关的是金属回收(当地称为"废料场")的运作。然而，环境署正在采取法律行动和措施来补救这种情况……虽然一些土地不可避免地被重新规划为住宅……必须考虑就业空间问题……我们要求拒绝这一申请并保持现有的政策，将其作为一个工作区。(Cadman to LB Lewisham Planning，June 28，2010)

作为当地租户行动小组的负责人，卡德曼表达了在废料场噪声问题解决方案上社区和自治市之间的分歧。尽管他同意社区协商报告，承认废料场的噪声是当地居民密切关注的问题，但他拒绝了自治市和报告者们提出的重建是解决问题最佳方案的论点。归根结底，无法客观地验证他的观点还是报告中那些社区代表的观点真正代表了所有或大多数当地居民的意见。然而，自治市和当地社区中了解或参与了公民科学项目的成员之间存在的实质性分歧表明，公民科学可以被用来倡导解决公民科学家和社区都并不支持的噪声问题。

结论
本章的目标是探讨公民科学在多大程度上以及以何种方式影响公共政策的争论和结果。为了揭示这个问题，我研究了一个源自寻求数字技术政策应用的兴趣而开展的公民科学活动，探讨这一活动是如何形成佩皮斯住宅区噪声地图项目参与者的论点的，以及这些论点是如何被自治市代表在政策辩论中接受的。通过研究佩皮斯住宅区的公民科学家们是如何提出关于废料场的论点的，这一分析超越了修辞学和社会学的学术研究范畴，揭示了公民科学家的论点将生活经验的非专家论证方式与经验测量和定量表达数据的专家论证方式相结合。通过将这两种论证方式结合在一起，帮助社区成员构建论点，一方面与政策制定者产生共鸣，另一方面，通过废料场噪声表达他们的个人和情感体验。

除了说明公民科学家的参与如何影响佩皮斯住宅区居民的论点之外，本章还研究了他们是否以及以何种方式影响了政策结果。尽管这个案例的事实表明，公民科学家提供的论点是变革的催化剂，并且导致结果与公民科学家和社区的目标保持一致，但是针对自治市的回应以及对这些回应所产生的背景进行更详细的评估表明，公民科学为政策过程提供信息方面的成功并没有报告记录中表明的那么简单。通过评估自治市对于公民科学项目的回应，我们发现，尽管自治市被说服从而采取了行动，但是他们采取的行动是进行自己的测量，很明显地说明公民科学不足以验证这一问题从而支持针对废料场的政策行动。此外，对政策制定者所创建的话语及其语境的进一步关注表明，公民科学项目存在多种紧迫性。他们还透露，从公民科学家的发声中得出的结论已经被政策制定者用来支持有关重建的论点。然而，在替代社区观点的背景下，对现存问题及其解决方案的论点进行评估表明，运用公民科学的结论和公民科学家的证言的方式，可能并未反映出支持和承担公民科学的社区利益或观点。

对论证内容和论点翔实的修辞分析表明，在技术上的紧急需求来影响政策讨论和成果的驱动下，公民科学的作用或者说潜在作用是复杂的，其所带来的益处和危害并存。一方面，基于数字的公民科学似乎提供了一个中间立场，普通公民的生活经验与政策论点的认识论要求可以交叉。尽管这一交汇处可能无法理想地满足一方或另一方的需求，但至少它可以促使人们认识到两方在决策过程中是密切联系的，并且对决策过程很重要。另一方面，有了这些好处，政策制定者及其支持者之间可能会产生误解，并且存在不恰当地使用公民科学来代替大众情绪的可能性。尽管公民科学活动可能会产生符合公民利益的结果，但非专家参与者应该意识到，无论是实现这些结果的速度或方式可能都无法达到他们的期望。例如，在佩皮斯住宅区/德特福德地区的案例中，公民科学家及其支持者期望他们的数据足够有说服力，以鼓励该自治市立即对废料场采取行动，并在意识到自治市不会采取行动时变得很愤怒。这种不满的根源似乎是双方在不同论证领域对证明要求的差异存在基本的误解。如果要使公民科学成为论证的有效中间途径，就必须明确界定公民科学可达到说服力的预期以及从政策论证转向政策行动的潜在障碍。这些期望应在公民科学的早期发展阶段确定下来，以避免以后发生冲突。由于地理信息系统等领域的学术研究人员通常专注于这些阶段的技术挑战，他们的公民科学项目将受益于精通修辞和传播的学者，他们精通专家与非专业人员之间争论和交流的挑战。

除了对论证强度及其结果产生错误的期望之外，公民科学还可能被决策者和非专业公众所利用，从而证明他们对政策问题和其解决方案的观点与大众的看法一致。在佩皮斯住宅区案例中，有关社区支持德特福德码头重建项目作为废料场噪声问题解决方案的论证可能是一种诉诸群众的谬论。但是，尽管公民科学确实要求政策争论中参与者的透明度和仔细审查，可能以这种方式使用公民科学这一事实并不能导致放弃它作为政策论证的创新性来源。使用公民科学结论的政策制定者需要披露他们可能参与发起公民科学活动的情况。就佩皮斯住宅区而言，如果知道副市长从一开始就参与了该项目，无疑会使一些政策制定者有所顾虑，而反对者则有机会质疑文件中描述的社区观点在多大程度上可能受到自治市支持重建废料场的不恰当影响。

使用公民科学家作为社区观点的替代，揭示了公民科学及其与机构权力的联系在政策论证中变得"隐形"的潜力，以及使这些联系"可见"的修辞方法能力。修辞学或传播学学者通过公民科学促进社会正义和政策行动的价值，恰恰在于他们细致地注意到公民科学一旦进入公众论证领域并开始在说服中发挥作用之后会发生什么。来自环境正义和公众参与地理信息系统等其他学术社区的专业人士①，致力于促进基于数字的公民科学，将其作为社会正义和社区行动的工具。然而，他们对这些项目的参与通常仅限于政策论证的发起阶段，帮助研究人员明确可实现其目标的技术资源或方法，以及政策审议的初始步骤，在社区与决策者之间开展对话。

一旦收集到数据并且社区成员和决策者相互接触，这些程序通常会结束并继续进行下一个项目。但是，在政策论证的周期中，政策制定者和公民科学团体之间的首次会议将是参与的第一阶段，但不一定是最后阶段。正如佩皮斯住宅区的案例所展示的那样，这种参与可以在初次会议之后持续数月甚至数年，在此期间可以在公共协商过程中收集和转化公民科学证据和论点。修辞分析者的价值在于，他们的工作通常开始于其他领域参与结束的地方。通过持续关

---

① 根据塞贝尔（Sieber）2006年的研究，公众参与地理信息系统"非常重视利用地理信息系统扩大公众参与政策制定，同时也扩大地理信息系统在促进非政府组织、草根团体和社区组织目标方面的价值"（491）。

注佩皮斯住宅区的案例，他们可能向环境正义、公众参与地理信息系统和城市规划领域的研究人员提供建议，帮助他们了解如何与居民和政策制定者沟通在论证活动中对彼此的期望。他们还可以充当项目的公共监督者，以确保重要的背景要素在政策辩论过程中不会被隐藏，并且确保社区观点在政策文件中的呈现与其政策目标相一致。通过将修辞和传播学者的技能与方法与已经通过数字支持的公民科学项目投入社区参与的技术研究人员的技能和方法相结合，通过数据收集、线上展示以及和政策制定者面对面互动赋能，社区的收益可以在公民科学从该领域进入公共辩论和行动领域的最初接触之后持续下去。

结　语

　　撰写一部关于公民科学的著作的挑战在于，似乎每年甚至每月都会有新的进展。例如，2014 年的 2 月 14 日，公民科学网站星系动物园(Zooniverse)迎来了一个里程碑——志愿者数达到 100 万人。(宣布这一消息后的 3 个月内，志愿者的数量又继续增加了 10.7 万人。)自从七年前星系动物园项目开始以来，已经发展为涵盖了从天文学到动物学的 30 个不同项目，项目的参与者对空间科学、气候科学和人文科学等领域研究做出了贡献，并发表了 50 多篇研究论文("One Million Volunteers," "Published Papers")。本书中所记录的公民科学项目也在发生着类似的扩大和发展。例如，Safecast 项目目前已经收集到超过 400 万条的辐射测量数据，而且项目目标从收集辐射数据扩展到收集空气质量信息。Safecast 空气质量项目于 2012 年获得骑士新闻挑战赛(Knight News Challenge)40 万美元的资助，目前正在试验空气传感器原型机，并计划将它们放置在底特律、洛杉矶和东京的街区(LaFrance)。

　　随着科学家力求扩展知识的边界，公民力图采取行动来理解科学技术的风险，数字时代的公民科学为他们提供了物质资源和认识论权威，以实现他们的目标。在本书中，我试图通过研究：①数字时代技术对争论的影响，②公民科学塑造公众、科学、科学家和政策制定者之间关系的能力，从而提升对公民科学这一新兴现象及其对修辞学者重要性的认识。随着案例研究的完成，我想借此机会在结语中重温这些普遍性主题，思考其意义并审视未来的探索途径。

技术对传播和争论的影响

　　互联网对争论的影响激发了修辞学者的兴趣，特别是那些关注政治信息传播和修辞学的研究人员。然而，对数字技术传播如何影响技术科学问题的争论，则很少受到关注。本书通过分析福岛核事故发生几个月后，Safecast 项目监测和表征辐射风险的工作，来探索这个基本上尚未调查过的问题。在第二章中，我通过比较三里岛、切尔诺贝利和福岛核事故的风险可视化效果，展示了诸如风险信息、政治和数字技术等背景因素是如何影响辐射风险的视觉表征。我认为，可视化选择可以通过风险传播者的目标和受众的变化来解释。虽然 Safecast 创作了详细的可视化形式以教育和告知日本公民他们面临的特定风险，但主流媒体的消息来源创建了一般的风险可视化形式，这反映出他们的目标是向非日本公众提供关于核事故的综合概述。

　　作为首次致力于审视视觉风险传播，本章突破了以往未被承认的修辞层面的传播方式。这一章揭示了社会、政治和技术背景、表征惯例以及受众影响传播者如何选择风险可视化的方式。同时还认识到草根公民科学组织和官方风险表征之间冲突的可能性。通过研究这些相互竞争的表征形式，认识到制度风险表征策略的局限性，并考虑发展更多以公民为中心的可视化风险传播形式。

　　第二章研究数字技术对传播的影响，第三章研究数字技术对争论的影响。尤其是探讨了数字技术能否帮助非专业人员解决公共辩论中的专业问题？如果能的话，是如何解决的？对于修辞学学者和传播学学者来说，科学专业知识在论证中的作用一直是重要课题，他们研究诉诸专业知识的通用策略（Hartelius 2011）、专家群体的集体精神（Keränen，*Scientific Characters* 2010），以及专家在其专业知识领域之外谈论话题的能力（Lyne and Howe 1990）。他们还把注意力转向了公共宣传中的科学专业知识问题。例如，瓦莱丽娅·法布和马修·索布诺斯基在关于艾滋病活动的研究中指出，形成专业知识对于进入公共领域的审议至关重要："正是在这种时候（即当非专业人员可以自由地公开谈论艾滋病时），人们需要了解和学习科学语言，以便成为优秀的科学消费者，并亲自参与对话"（182 页）。尽管人们普遍对专业知识的修辞感兴趣，并特别关注公众参与过程中的专业知识问题，但修辞学者们才刚刚开始研究数字技术如何帮助非专业人员获得专业知识。借助柯林斯和埃文斯对专业知识的分类以及对人格诉求的经典观点，我分析了 Safecast 如何在媒体上表达其目标并进行实践。我的分析表明，在开发了 bGeigie 的前提下，Safecast越来越多地参与数据收集活动，这与该组织的说服手段从严格的非技术道德论证扩展到非技术和技术道德诉求有关。这种相关性表明，互联网和联网设备有能力消除公共领域争论中的专业知识所造成的障碍。

　　Safecast 案例也带来了如下疑问，即专业知识模型是否足够适用于对公民科学活动进行分类。在第三章中，我认为 Safecast 的辐射数据收集并不完全符合柯林斯和埃文斯的"贡献性专业知识"范畴，因为项目不是被科学紧迫性所驱动的。我提议为了区分这种差异，"贡献性专业知识"应分为两个子类别："技术/信息"和"分析"贡献。这一区别体现了 Safecast 通过参与纪律严明和科学知情的数据收集实践而发展"贡献性专业知识"。同时，这也承认，专业知识的贡献和迫切性与柯林斯和埃文斯模型中承认的科学知识有着根本的区别。

将 Safecast 公民科学项目放置到柯林斯和埃文斯的经验模型中所面临的挑战以及需要适当地将该案例进行重构，引发了人们对本书中的其他案例是否会带来类似问题的疑问。简略的评估证明，事实确实如此。例如，第四章探讨了气候变化怀疑论者安东尼·瓦茨如何进行温度测量的技术领域论证。与 Safecast 的公民科学不同，瓦茨的地面气象站项目是由科学问题指导的，这个问题是关于地面气象站场地条件对温度测量的影响。尽管国家气候数据中心的研究人员拒绝接受瓦茨的结论，但他们尊重瓦茨数据的完整性，并将这些数据纳入自己的研究中，从而得出有关选址不当的结论。通过这种方式，公民科学的成果在关于气候变化的科学争论中得以完全体现。因此，地面气象站公民科学项目比 Safecast 更适合用在柯林斯和埃文斯的"贡献性专业知识"分类范畴中；然而，这种定性并不是毫无问题。虽然瓦茨确实参加了技术领域的争论，但他不是气候科学家。进一步看，在他追寻科学研究问题答案的过程中，政治紧迫性的影响对他来说要远胜于科学紧迫性的影响。基于这些理由，我们更有理由认为，他的专业知识令人不安地跨越了"贡献性专业知识"中"分析性专业知识"和"技术/信息"专业知识之间的鸿沟。

最后一个案例，也就是佩皮斯住宅区噪声地图项目证明，柯林斯和埃文斯的模型在获取来自公民科学家的专业知识的复杂性方面存在局限性。与 Safecast 不同的是，佩皮斯住宅区的公民科学家没有独立开发技术或学习评估噪声污染数据收集方法。相反，他们与专业知识的接触是由伦敦大学学院的研究人员自上而下发起的。伦敦大学学院的研究人员帮助佩皮斯住宅区的居民使用分贝仪和数字地图，提出支持他们关于社区噪声污染的论点。然而，与地面气象站项目参与者收集数据不同的是，佩皮斯住宅区的公民科学家收集的信息无法作为技术领域辩论的独立论据。相反，仅能够说服当地政府启动一项声学专业调查。这些特征将本项目中的公民科学家定位在柯林斯和埃文斯的"互动性专业知识"和"贡献性专业知识"范畴之间的专业知识延续性上。由于公民科学家通过亲自研究使用了技术规范的数据收集技术为他们的风险表征提供支持，因此项目具有"贡献性专业知识"的某些特征。然而，它也具有"互动性专业知识"的特征，因为公民科学家的专家知识是通过与伦敦大学学院研究人员的持续互动获得的，他们发起该项目，收集和组织技术知识，对居民进行数据收集方法的培训。这个案例非常有趣，因为"互动性专业知识"为"贡献性专业知识"铺平了道路。同样重要的是，公民科学家的"贡献性专业知识"是由社会政治的迫切需求引导的，而非其所致力于的科学的迫切要求，而且公民科学的贡献虽然是信息性的，但仅仅是初步的，而且需要专家收集更多的数据，才能证明问题的存在且可采取行动。

柯林斯和埃文斯的模型试图适应公民科学家在这三个案例中开发的各种专业知识时所面临的挑战表明，该模型虽然是思考专业知识的一个非常好的起点，但可以有效地修改和扩展。最重要的是，"贡献性专业知识"范畴中的"贡献"概念可以扩展到不仅包括科学共同体的迫切需求，而且涵盖社会和政治方面的迫切需求。这使得该模型能够适应公民科学的明显独特之处：它涉及非专业人员发展科学专业知识，目的不是为了促进科学知识和实践，而是参与具有社会和政治的技术科学风险认同和论证。因为公民科学将科学包含在社会和政治论证中,因此将柯林斯和埃文斯模型的概念中心由科学转移到技术和公共科学的边界。鉴于科学经常被定义为创造新知识的活动,这种从认识论到社会和政治行动的转变表明,公民科学中的"科学"正在超越其传统边界,进入一个概念更加多样化和修辞更加丰富的领域。除了重新定位专业知识来囊括非科学目标外,公民科学突出了实践在专业知识发展中的重要性。在柯林斯和埃文斯的模型中,科学家和非科学家之间的差异建立在实践是科学专家的专属领域这一观念上。然而,本书的案例研究表明,随着数字技术的发展,曾经是科学家专属领域的实践,例如收集大量辐射数据,目前可以由技术娴熟的非专业人员实现。这种转向非专业人员的科学实践工作,动摇了柯林斯和埃文斯在科学家和非科学家之间做出的区分,并重申了修辞学学者在研究科学实践以及科学的社会、论证和语言维度的重要性。总而言之,这些在迫切需求和实践方面的变化表明,柯林斯和埃文斯模型所依据的传统科学观点正在逐渐丧失解释能力,无法忠实地反映出公民科学案例中从事科学工作或成为科学家意味着什么。正如第一章中所讲的,这些非传统的科学事业已经至少存在了一个世纪;然而,数字技术的出现使公民科学合法化和大众化,赋予和增加了其促使传统科学观点复杂化的能力。

除了阐明公民科学对专业知识的社会学模型的挑战外,本书中的案例还指出,在当前科学的学术范畴内发展的公民科学类型存在不足之处。公民科学的科学分类,正如非正规科学教育中心的报告中所言,公民科学在许多重要方面都有局限性。首先,没有认识到由非专业人员发起和发展的公民科学项目。这种局限性很可能源自这样的事实,即公民科学的科学分类是由科学家创造的,并为科学家所用,并且科学家在发展公民科学项目中扮演着核心角色。科学模型的另一个缺点是，不同类型的公民科学之间的区别不能解释公民科学可能产生的社会的或认识论的影响。例如，在非正规科学教育中心的报告模型中，参与程度最低的类别"贡献型项目"和其次的类别"合作型项目"两者间的差异在于，在贡献型项目中非专业人员严格来说是为科学家工作的数据收集者，而在合作型项目中，他们帮助科学家分析数据和宣传、传播科学结果。虽然传播科学结果有可能带来影响，但评估影响的程度并将其作为分类特征，则超出了非正规科学教育中心模型的范畴。然而，本书中所考察的公民科学实例表明，公民科学项目的影响将之与其他不同类型的项目区别开来。例如，仔细研究佩皮斯住宅区噪声地图项目的争论可以发现，混合了技术和非技术理性诉求的公民科学在政策辩论中并不是特别有效。虽然它说服了当地政府采取行动，但这些行动并不符合社区居民的预期。相比之下，地面气象站公民科学项目则对公众和技术领域的辩论产生了重大影响。不仅帮助瓦茨和他的观点获得媒体的广泛关注，同时也让他在科学辩论中产生了影响。如果不考虑公民科学活动的影响，或者可以用什么标准来评估这些活动，那么科学模型就无法跨越公民科学中的体力劳动和脑力劳动来考虑所产出的结构是如何塑造世界上的知识、信仰和行动。通过将影响作为范畴引入，我们可以更深入地了解到这种影响的对象是谁，公民科学可能支持什么样的结果，以及哪些因素在何种程度上可能扩大公民科学的影响力。

尽管本书对数字时代公民科学在争论和传播方面的考察有助于我们理解视觉风险传播以及数字技术对专家争论的影响，但仍有一些重要方式可以扩展。在本书的第三章，涉及一个重要但没有深入展开的话题，那就是数字技术和技术论点如何影响非专业论证者的身份或他们形成的群体。社会学家史蒂文·爱泼斯坦（Steven

Epstein）在其关于艾滋病宣传的研究中指出，当非专家参与技术课题时，就有可能发生这种转变。他解释说："积极的领导者……成为一名娴熟的专家，他们往往倾向于重复专家或外行这种划分活动，从而划分出'外行专家'和'外行的外行活动家'两个群体"（"Construction" 429）。因为在公民科学研究中，专家的发展是一个重要课题，这一现象为探索专业知识的变化如何影响群体认同和变化提供了丰富的空间。进一步的研究可能会问，在一个草根公民科学团体中，采用专家的交流和辩论模式是否会引发身份危机？这是否会在一个群体及其所服务的非专业群体之间产生社会或认识论上的距离？面临这些挑战的草根群体是否具备与之适应的传播和辩论策略，以应对这些变化？通过探讨这些问题，修辞学学者和传播学学者可以将公民科学作为一个空间，来探讨专家论证模式对群体认同和完整性的影响，以及非技术性的、修辞形式的论证在传播和争论中从非专家到专家的转换时，对保持群体凝聚力和认同的作用。

塑造公众、科学、科学家和政策制定者之间的关系

正如从事修辞学和传播学研究的学者所指出的，公众、科学、科学家和政策制定者之间的关系被重塑的方式以及所具备的重塑能力，会对私人的、公共的和技术领域之间的互动产生重大影响。例如，在《科学的品质》（*Scientific Characters*）中，丽莎·凯伦（Lisa Keränen）认为"重新调整科学、利益相关者和公众之间的关系……有可能会促进民主参与……通过允许各种公众成员与科学家和决策者讨论共同关心的问题"（165 页）。科学研究人员还认识到，可以塑造外行和科学家之间的关系，并通过这种塑造影响公众对科学家和科学观点的看法。正如康奈尔鸟类学实验室的迪金森和邦尼所说，公

民科学的一个优势在于，公民科学可以提高非专业人员对科学的理解，促进他们对于科学家和科学观点的认同。在《公民科学》一书中，他们明确指出："公民科学有潜力在专业科学家和公众之间建立重要的桥梁，为科学和公众科学素养带来积极成果"（10 页）。尽管科学家们相信公民科学具备以上优势，但他们尚未系统地研究公民科学的效果。迪金森和邦尼评论道："尽管有证据表明，有些项目的参与者可能开始'科学思考'，但公民科学尚未深入研究其在改变人们对科学的看法以及他们自己作为科学家的潜力"（11 页）。本书以修辞学的视角关注公民科学的社会和政治维度，审视了公民科学是否以及如何影响非专业人员、科学和科学家之间的关系？

　　为此第四章探讨了地面气象站项目，该项目是气候变化批评家安东尼·瓦茨和气候科学家罗杰·皮尔克合作的公民科学项目。对该项目的修辞评估表明，非科学因素可以平衡公民科学项目的利益乃至最大限度地合作。瓦茨在报告《美国地表温度记录是否可靠?》中的分析表明，他个人对气候变化的关键立场的承诺和来自公众期望的压力，鼓励他形成关于项目的历史叙述，掩盖了罗杰·皮尔克作为项目智力灵感的角色。我还证明了制度价值和目标可以影响公民科学的表现。例如，有证据表明，国家气候数据中心的研究人员利用价值争论来提高他们评估温度测量偏差的定量方法。这些价值论证挑战地面气象站项目所采用的定性方法，国家气候数据中心认为这会引起威胁，导致公众反对人为气候变化的立场。对地面气象站项目的评估表明，尽管公民科学促进了公众、科学和科学家之间的互动，但这些互动本身并不足以在他们之间建立更好的关系。

　　数字时代公民科学的另一个优势在于，它为非专家提供了更密切地参与技术信息和专业知识的机会，从而加强了他们在公共领域提倡自己利益的能力。格温·奥廷格在一篇关于公民科学空气质量监测的论文中谈到这种优势,她指出通过使用实时空气监测员而不是取样装置……活动参与者可以记录化学物质的平均浓度和峰值暴露量;两者之间的对比可以作为依据,反驳(美国环保署)提出的环境空气标准中隐含的"只有平均值对健康很重要"(Buckets 266)的论断。

同奥廷格的工作一样,本书的最后一章探讨了公民科学是否以及如何支持非专业人员的政策目标?通过评估佩皮斯住宅区公民科学家们提出的实际论证,我展示了参与公民科学如何帮助他们制定技术论证策略来证明自己的观点。这一策略足以说服当地政府对噪声水平进行专业技术评估,以进一步探讨这一问题。然而,这不足以鼓励当地官员寻求社区支持的解决方案,这一结果是社区居民或收集数据的公民科学家都始料未及的。他们没有预料到当地政府竟然可以利用公民科学数据来清除当地的废料场,也可以利用这些数据来争论是否进行住房改造来取代废料场。

在佩皮斯住宅区公民科学案例中,社区居民、科学家和政策制定者各自不同的紧迫需求表明,公民科学并不总是以预期的方式塑造公众、科学、科学家和政策制定者之间的关系。事实上,多重议题的存在也表明,当公民科学用于政策倡导时,可能存在相互冲突的目标和不可预见的结果。这个案例所表现出的科学与政策间的关系复杂性意味着,评估公民科学项目的结果可能需要跨学科的专业知识。例如,尽管科学家能够评估公民科学家是否收集了可靠的数据,或者是否对科学有了更深入的了解,但他们可能并不准备考察社会政治环境如何影响公民科学在公共领域的应用方式。例如,在最后一章中,我展示了伦敦大学学院的研究人员在与当地政府和佩皮斯住宅区居民初次会面后，基本上结束了他们参与公民科学项目的工作。由于没有跟踪公民科学在政策辩论的各个阶段的影响，研究人员们就错过了自治市和居民在解决重建问题上的冲突。

要理解公民科学所导致的关系的复杂性及其对结果的影响，社会学、政策分析、传播研究和修辞学等领域的专家也应该参与公民科学的研究。在我对佩皮斯住宅区案例的评估中，我展示了使用修辞方法来评估这一现象的好处。与目前其他学科领域的研究不同，修辞学方法考察的是政策辩论中口头上和文本中产生的实际话语。这种方法允许对公共审议中各方的声音进行评估，以详细了解整个政策过程中公众、科学、科学家和决策者之间的动态。此外，修辞方法提供了必要的上下文细节，以便对这些证据和这些关系的知情解释。通过增加地区重建计划的历史细节，以及当地政府议员积极招募研究人员在佩皮斯住宅区开展公民科学的努力，我能够证明，虽然公民科学可以推动政策制定，但政策制定也同样可以推动公民科学。

如同对传播和争论的研究一样，对公民科学如何影响公众、科学、科学家和政策制定者之间关系的探索，引发了需要进一步调查的问题。其中最突出的问题是如何规划公民科学，以便更有效地促进科学家和非专业人员之间的认同。在我对地面气象站项目的讨论中，我认为这一合作代表着气候科学家错失了重新审视气候变化批评者的叙述的机会。通过决定不审查瓦茨报告中的话语和论据，皮尔克放弃了美国政府和政府科学家以轻蔑保守的立场作为气候变化不予置评的支持者的机会。如果他看了瓦茨的报告，也许能够换一种表述，来强调一些气候科学家在温度测量问题上采取的某些关键立场。这个案例表明，尽管公民科学确实有可能塑造公众、科学和科学家之间的关系,但只有认真对待并解决公民科学的修辞维度,才能实现其潜力。

　　然而在我的评估中,既没有追问也没有挖掘如何实现这一目标。需要制订什么样的协议来确保项目目标、方法和参与者在数据收集和评估中的作用的协调和协作? 谁会是这些文件的受众? 为了有意义地解决这些问题,需要采取什么样的措施? 要回答这些问题,很可能需要修辞学和传播学学者们跳出舒适的文本研究,寻找真正的公民科学项目并参与其中。作为参与者,他们可以利用自己的争论知识、沟通策略以及对偏离主题的容忍度,来帮助双方理解他们的迫切需要、目标和项目的预想受众。有了这些知识,他们可以通过向参与者说明他们对语言和论点的战略选择如何提高他们个人的兴趣和观点,以及可以提供哪些可用的替代合作表达方式。对于修辞学学者来说,这种嵌入式的应用研究很有价值,因为这将帮助他们了解公民科学项目各领域的创建者们的目标和策略,以及反映了各方参与者的特殊利益和双方努力的精神内核的协商和规划文件的挑战。

结论

　　本书中,我强调了公民科学提出的一些重要问题,希望对这些问题的探讨能够为持续研究公民科学铺平道路。因为公民科学弥合了技术领域和公共领域之间的鸿沟,为研究修辞学中重要的话题提供了空间,这些话题包括可视化表征在风险传播中的作用,数字技术对专家论证发展的贡献,在科学家和公众之间建立认同的挑战,以及技术化科学理性诉求和非专家理性诉求在政策辩论中的相互作用。随着数字技术的不断发展,科学对物质需求的不断增加,以及科学在公共政策领域应用范围的不断扩大,数字时代的公民科学在未来几十年可能会迎来更广泛、更多样化的应用和影响。通过公民科学的相互协作，人文学者、科学家和社会科学学者能够帮助公众、科学家和政策制订者更有效地合作，为 21 世纪面临的科学和社会问题制定解决方案。

附录1：佩皮斯住宅区噪声地图项目中的声学评估表

佩皮斯 噪声地图	
名字	日期

所有收集到的数据将匿名处理。仅在此处要求填写您的姓名以便我们能够联系到您。

(4) 在附带的地图上用"X4"标出这个读数的位置。

时间	第一次读数(分贝)	第二次读数(分贝)	第三次读数(分贝)

请把能够表示声音特征和强度的所有词圈出来：　　　　　你听到的最大的声音是：

无声的	高音调的	持续的	悦耳的
极度安静	刺耳的	重复的	放松的
非常安静	锐利的	断断续续的	舒服的
安静	尖利的	突然的	可以接受的
听得见	沉闷的	随机的	烦躁的
响亮	低沉的	模糊不清的	疲惫的
非常响亮	低音		干扰的
极度响亮	低音调的		迫人的
令人难受			折磨人的

补充信息：

(5) 在附带的地图上用"X5"标出这个读数的位置。

时间	第一次读数(分贝)	第二次读数(分贝)	第三次读数(分贝)

请把能够表示声音特征和强度的所有词圈出来：　　　　　你听到的最大的声音是：

无声的	高音调的	持续的	悦耳的
极度安静	刺耳的	重复的	放松的
非常安静	锐利的	断断续续的	舒服的
安静	尖利的	突然的	可以接受的
听得见	沉闷的	随机的	烦躁的
响亮	低沉的	模糊不清的	疲惫的
非常响亮	低音		干扰的
极度响亮	低音调的		迫人的
令人难受			折磨人的

补充信息：

(6) 在附带的地图上用"X6"标出这个读数的位置。

时间	第一次读数(分贝)	第二次读数(分贝)	第三次读数(分贝)

请把能够表示声音特征和强度的所有词圈出来：   你听到的最大的声音是：

无声的	高音调的	持续的	悦耳的
极度安静	刺耳的	重复的	放松的
非常安静	锐利的	断断续续的	舒服的
安静	尖利的	突然的	可以接受的
听得见	沉闷的	随机的	烦躁的
响亮	低沉的	模糊不清的	疲惫的
非常响亮	低音		干扰的
极度响亮	低音调的		迫人的
令人难受			折磨人的

补充信息：

（由伦敦 21 世纪、伦敦大学学院和克里斯蒂安·诺尔德开发）

附录 2：佩皮斯住宅区的公民科学家使用的声级参考图

典型声级	分贝	
喷气式飞机起飞（200英尺）	120 dBA	
施工现场	110 dBA	无法忍受
大喊（5英尺）	100 dBA	
重型卡车（50英尺）	90 dBA	噪声很大
城市街道	80 dBA	
汽车内部	70 dBA	吵
正常对话（3英尺）	60 dBA	
办公室、教室	50 dBA	适度
客厅	40 dBA	
夜晚卧室	30 dBA	安静
广播演播室	20 dBA	
叶子沙沙响	10 dBA	几乎听不见
	0 dBA	

来源：http://www.brcacoustics.com/noisedescriptors.html

附录 3: 佩皮斯住宅区噪声地图项目的定性声音描述柱状图

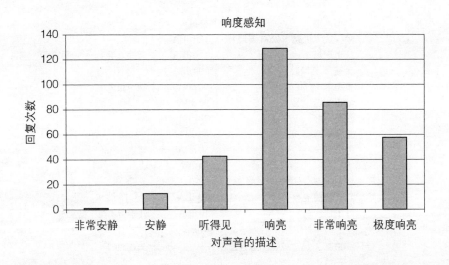

附录 4：佩皮斯住宅区噪声来源柱状图

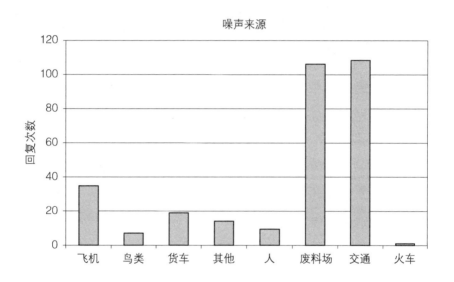

噪声来源

参考文献

Aaron, Jacob. "Japan's Crowdsourced Radiation Maps." *Newscientist. com*. New Scien-tist, 30 Mar. 2011. Web. 9 Dec. 2011.

"About eBird." *Ebird. org*. Cornell Lab of Ornithology and National Audubon Society, n. d. Web. 6 Aug. 2013.

"About SETI@home." *Seti@home. berekely. edu*. SETI@home, n. d. Web. 12 Mar. 2013.

"About the Christmas Bird Count." *Audubon. org*. Audubon Society, n. d. Web. 12 Dec. 2012.

Aerial Monitoring Results Fukushima Daiichi, Japan. Map. *Energy. gov*. U. S. Department of Energy, 25 Mar. 2011. Web. 1 Aug. 2012. PowerPoint.

Akiba, [Christopher Wang]. "Hacking a Geiger Counter in Nuclear Japan." *Freaklabs. org*. Freaklabs, 24 Mar. 2011. Web. 4 Jan. 2012.

——. "Re: [Safecast Jpn]Experts: Leave Radiation Checks to Us." *Groups. google. com*. Safecast-Japan, 28 May 2011. Web. 27 July 2012.

——. Telephone interview. 25 July 2012.

——. "Thanks for all the support! And What's Coming up." *Freaklabs. org*. Freaklabs, 16 Mar. 2011. Web. 8 Mar. 2012.

Alvarez, Marcelino. "72 Hours from Concept to Launch: RDTN. org." *Uncorkedstudios. com*. Uncorked Studios, 21 Mar. 2011. Web. 15 Dec. 2011.

——. Telephone interview. 19 July 2012.

Amerisov, Alexander. "A Chronology of Soviet Media Coverage." *Bulletin of the Atomic Scientist* 43. 1 (1986): 54 - 56. Print.

Anderson, Katherine. *Predicting the Weather: Victorians and the Science of Meteorology*. Chicago: Chicago UP, 2005. Print.

"Anthony Watts (blogger)." *Wikipedia. org*. Wikipedia, 28 Sept. 2012. Web. 30 Sept. 2012.

Aoki, Kazumasa. "Wanted: The Right to Relocate." *Fukushima. greenactionjapan. org*. Green Action Japan, 3 Aug. 2011. Web. 10 July 2013.

ApSimon, Helen, and Julian Wilson. "Tracking the Cloud from Chernobyl." *New Scientist* 111 (1986): 42 - 45. Print.

Arbib, Robert. "'Ideal Model' Christmas Bird Counts: A Start in 1982 - 83." *American Birds* 36. 2 (1982): 146 - 148. Web. 12 Dec. 2012.

Aristotle. *Rhetoric*. Trans. W. Rhys Roberts. New York: Random House, 1984. Print.

Associated Press. "Radiation Effects." Map. 4 Mar. 1955. *AP Images. com*. 9 May 2011. Web. 15 Jul. 2011.

Atomic Energy Commission. *WASH-740: Theoretical Possibilities and Consequences of Major Nuclear Accidents in Large Nuclear Power Plants*. Washington: GPO, 1957.

Bäckstrand, Karin. "Civic Science for Sustainability: Reframing the Roles of Experts, Policy-Makers, and Citizens in Environmental Governance." *Global Environmental Politics* 3. 4 (2003): 24 - 41. Web. 16 Mar. 2012.

Beck, Ulrich. *Risk Society: Towards a New Modernity*. Thousand Oaks: Sage, 1992. Print.

Berkowitz, Bonnie, et al. *Path of the Plume*. Map. *Washington Post* 16 Mar. 2011: A10. Microfilm.

Birdsell, David, and Leo Groarke. "Outlines of a Theory of Visual Argument." *Argumentation and Advocacy* 43 (2007): 103 - 113. Print.

Blair, William. "U. S. H-Bomb Test Put Lethal Zone at 7,000 sq. Miles." *New York Times* 16 Feb. 1955: 1 +. *ProQuest Historical Newspapers*. Web. 11 June 2012.

Bloch, Matthew, et al. *Map of the Damage from the Japanese Earthquake*. Map. *Nytimes. com*. New York Times, 10 Apr. 2011. Web. 12 June 2012.

Bogost, Ian. *Persuasive Games: The Expressive Power of Videogames*. Cambridge: MIT P,

2007. Print.

Bohlen, Celestine. "Soviet Nuclear Accident Sends Radioactive Cloud Over Europe."*Washington Post* 29 Apr. 1986; A1 + . Microfilm.

Bolter, David, and Richard Grusin. *Remediation; Understanding New Media*. Cambridge; MIT P, 1999. Print.

Bonner, Sean. "Alpha, Beta, Gamma." *Safecast. org*. Safecast, 5 May 2011. Web. 6 July 2012.

———. "First RDTN Sensor Deployed." *Safecast. org*. Safecast, 14 Apr. 2011. Web. 3 July 2012.

———. "First Safecast Mobile Recon." *Safecast. org*. Safecast, 24 Apr. 2011. Web. 3 July 2012.

———. "RDTN. org; Crowdsourcing and Mapping Radiation Levels." *Boingboing. net*. Boingboing, 19 Mar. 2011. Web. 17 Dec. 2011.

———. Telephone interview. 31 July 2012.

Bonney, Rick, et al. "Citizen Science; A Developing Tool for Expanding Science Knowledge and Scientific Literacy." *Bioscience* 59. 11 (2009); 977 – 984. Web. 26 Sept. 2012.

———. *Public Participation in Scientific Research Defining the Field and Assessing Its Potential for Informal Science Education*. A CAISE Inquiry Group Report. Washington DC; Center for Advancement of Informal Science Education (CAISE), 2009. Web. 29 Oct. 2012.

Brasseur, Lee. "Florence Nightingale's Visual Rhetoric in the Rose Diagrams." *Technical Communication Quarterly* 14. 2 (2005); 161 – 82. Print.

Brooksher, Dave. "RDTN. org Peer Reviews Crowdsource Radiation Data." *Farwest. fm*. FarWest. FM, 1 Apr. 2011. Web. 5 Jan. 2011.

Brown, Phil, Rachel Morello-Frosch, and Stephen Zavestoski. *Contested Illnesses; Citizens, Science, and Health Social Movements*. Berkeley; U of California P, 2011. Print.

Browne, Malcolm. "Winds Blow Fallout to Southern Europe." *New York Times* 2 May 1986; A8. *ProQuest Historical Newspapers*. Web. 15 Jun. 2012.

Bull's-eye Overlay of the Three Mile Island Accident. Map. *New York Times* 31 Mar. 1979; A1.

Cadman, Malcolm. "Objection to Planning Application, The Wharves, Oxestalls Road, Deptford." Message to the London Borough of Lewisham Planning Commission. 28 June 2010. E-mail.

———. *Pepys Community Forum Archive*. "Environmental Justice Project." *Mcad. demon. co. uk*. Malcolm Cadman, n. d. Web. 3 May 2013.

Chapman, Frank. "The AOU and the Audubon Societies." *Bird Lore* 2. 5 (1900); 161 – 61. Print.

———. "A Christmas Bird Census." *Bird Lore* 2. 6 (1900); 192. Print.

"Chernobyl; Half Hidden Disaster." Editorial. *Washington Post* 1 May 1986; A22. Microfilm.

"Chernobyl's Other Cloud." Editorial. *New York Times* 30 Apr. 1986; A30. *ProQuest Historical Newspapers*. Web. 15 Jun 2012.

Cicero. *De Inventione*. Trans. H. M. Hubbell. Cambridge; Harvard UP, 2000. Print.

"Citizen Science." Def. C3. OED Online. Oxford UP, Mar. 2015. Web 30 Apr. 2015.

"Citizen Science' Takes Off as Residents Tackle Neighborhood Noise." *London21. org*. London 21, n. d. Web. 16 Mar. 2012.

Coffin, James Henry. *Winds of the Globe or the Laws of Atmospheric Circulation over the Surface of the Earth*. Washington DC; Smithsonian, 1857. *Google Book Search*. Web 12 Dec. 2012.

———. *Winds of the Northern Hemisphere*. Washington DC; Smithsonian, 1852. *Google Book Search*. Web 12 Dec. 2012.

Cohn, Jeffrey. "Citizen Science; Can Volunteers Do Real Research?" *Bioscience* 58. 3 (2008); 192 – 97. Web. 26 Sept. 2012.

Collins, Henry, and Robert Evans. *Rethinking Expertise*. Chicago; U of Chicago P, 2007. Print.

Cook, David. "Area Surrounding Three Mile Island Nuclear Plant." Map. *Washington Post* 31 Mar. 1979; A8. Microfilm.

Cook, Gareth. "How Crowdsourcing Is Changing Science." *Bostonglobe. com*. Boston Globe, 11 Nov. 2011. Web. 10 Dec. 2011.

Cooper, Caren, et al. "Citizen Science as a Tool for Conservation in Residential Ecosystems." *Ecology and Society* 12. 2 (2007); I – II. Web. 26 Sept. 2012. PDF file.

Corburn, Jason. *Street Science; Community Knowledge and Environmental Health Justice*.

Cambridge: MIT P, 2005. Print.

Cox, Amanda, Matthew Ericson, and Archie Tse. "The Evacuation Zones around the Fukushima Plant." Map. *New York Times* 18 Mar. 2011: A11. *ProQuest Historical Newspapers*. Web. 12 Jun. 2011.

——. "The Evacuation Zones around the Fukushima Plant." Map. *Nytimes. com*. New York Times, 25 Mar. 2011. Web. 6 Jun. 2012.

Daston, Lorraine. *Classical Probability in the Enlightenment*. Princeton: Princeton UP, 1988. Print.

Davey, Christopher, and Roger Pielke Sr. "Microclimate Exposures of Surface-based Weather Stations: Implications for the Assessment of Long Term Temperature Trends." *Bulletin of the American Meteorological Society* 86. 4 (2005): 497 - 504. Web. 9 Oct. 2012.

Davisson, Amber. "Beyond the Borders of Red and Blue States: Google Maps as a Site of Rhetorical Invention in the 2008 Presidential Election." *Rhetoric and Public Affairs* 14. 1 (2011): 101 - 24. Print.

Dickinson, Janis, and Rick Bonney. Introduction. *Citizen Science: Public Participation in Environmental Research*. Eds. Janis Dickinson and Rick Bonney. Ithaca: Cornell UP, 2012. 1 - 14. Print.

Dickinson, Janis, Benjamin Zuckerberg, and David Bonter. "Citizen Science as an Ecological Research Tool: Challenges and Benefits." *Annual Review of Ecology, Evolution, and Systematics* 41 (2010): 149 - 72. Web. 26 Sept. 2012.

Dobbs, Michael. "Soviet Drive for New Image Put in Jeopardy by Accident." *Washington Post* 1 May 1986: A1. Microfilm.

Dorman, William, and Daniel Hirsch. "The U. S. Media's Slant." *Bulletin of the Atomic Scientist* 43. 1 (1986): 54 - 56. Print.

Drew, Michael. "Path of Fallout." Map. *Washington Post* 1 May 1986: A34. Microfilm.

Dunn, Erica H. , et al. "Enhancing the Value of the Christmas Bird Count." *The Auk* 122. 1 (2005): 338 - 46. Web. 12 Dec. 2012.

Endres, Danielle. "Science and Public Participation: An Analysis of Public Scientific Argument in the Yucca Mountain Controversy." *Environmental Communication* 3. 1 (2009): 49 - 75. Print.

Entman, Robert. "Framing toward a Clarification of a Fractured Paradigm." *Journal of Communication* 43. 1 (1993): 51 - 58. Web. 9 Jul. 2012.

Epstein, Steven. "The Construction of Lay Expertise: AIDS Activism and the Forging of Credibility in the Reform of Clinical Trials." *Science, Technology, and Human Values* 20. 4 (1995): 408 - 37. Web. 9 Apr. 2012.

Escape from H-Bomb: St. Louis County and City. Map. St. Louis: Office of Civil Defense, 1955. N. d. Web. 11 June 2012.

Ewald, David. "Open Dialogue." *Safecast. org*. Safecast, 23 Mar. 2011. Web. 5 Jul. 2012.

"Experts: Leave Radiation Checks to Us." *Groups. google. com*. Safecast-Japan, 28 May 2011. Web. 27 July 2012.

Fabj, Valeria, and Matthew Sobnosky. "AIDS Activism and the Rejuvenation of the Public Sphere." *Argument and Advocacy* 32. 4 (1995): 163 - 84. Print.

Fahmy, Shahira. "They Took It Down: Exploring Determinants of Visual Reporting in the Toppling of the Saddam Statue in National and International Newspapers." *Mass Communication and Society* 10. 2 (2007): 143 - 70. Web. 21 Jun. 2012.

Fahnestock, Jeanne. "Accommodating Science: The Rhetorical Life of Scientific Facts." *Written Communication* 15. 3 (1998): 330 - 50. Print.

Fahnestock, Jeanne, and Marie Secor. *A Rhetoric of Argument*. New York: McGraw Hill, 2004. Print.

Fall, Souleymane, et al. "Analysis of the Impacts of Station Exposure on the U. S. Historical Climatology Network Temperatures and Temperature Trends." *Journal of Geophysical Research* 116 (2011): 1 - 15. Web. 26 Sep. 2012.

Farrell, Thomas, and Thomas Goodnight. "Accidental Rhetoric: The Root Metaphors of Three Mile Island." *Landmark Essays on Rhetoric and the Environment*. Ed. Craig Waddell. Mahwah, New Jersey: Lawrence Erlbaum, 1998. 75 - 105. Print.

Finney, John. "Atom Aides Scan Effect of Blast." *New York Times* 5 Jan 1961: 19. *Pro-Quest*

Historical Newspapers. Web. 11 June 2012.

Fischer, Frank. *Citizens, Experts, and the Environment: The Politics of Local Knowledge*. Durham: Duke UP, 2000. Print.

Fisher, Walter. *Human Communication as Narration: Toward a Philosophy of Reason, Value, and Action*. Columbia: U of South Carolina P, 1987. Print.

Fitzpatrick, John. Afterward. *Citizen Science: Public Participation in Environmental Research*. Eds. Janis Dickinson and Rick Bonney. Ithica: Cornell UP, 2012. 235 – 40. Print.

Fleming, James Roger. *Meteorology in America*. Baltimore: Johns Hopkins UP, 1990. Print.

"FoldIt. " *Wikipedia. org*. Wikipedia. 5 Aug. 2010. Web. 12 Mar. 2013.

Foreman, Edward. "Report of the General Assistant with Reference to the Meteorological Correspondence. " *Sixth Annual Report of the Board of Regents of the Smithsonian Institution*. Washington, DC: Robert Armstrong, 1852. *Google Book Search*. Web 15 Dec. 2012. PDF file.

"Frequency Weightings. " *Acousticglossary. co. uk*. Gracey & Associates, n. d. Web. 10 June 2013.

Friedman, Sharon. "Three Mile Island, Chernobyl, and Fukushima: An Analysis of Traditional and New Media Coverage of Nuclear Accidents and Radiation. " *Bulletin of the Atomic Scientists* 67. 5 (2011): 55 – 65. Web. 21 Jan. 2012.

Funabashi, Yoichi, and Kay Kitazawa. "Fukushima in Review: A Complex Disaster, a Disastrous Response. " *Bulletin of the Atomic Scientists* 0. 0 (2012): 1 – 13. Web. 5 Aug. 2012.

Furno, Dick. *Radiation Was Detected as Far as Harrisburg*. Map. *Washington Post* 29 Mar. 1979: A7. Microfilm.

Gamson, William, and Andre Modigliani. "Media Discourse and Public Opinion on Nuclear Power: A Constructionist Approach. " *The American Journal of Sociology* 95. 1 (1989): 1 – 37. Print.

Gertz, Emily. "Got iGeigie? Radiation Monitoring Meets Grassroots Mapping. " *Onearth. org*. Onearth, 20 Apr. 2011. Web. 5 Jan. 2012.

Gibbons, Michelle. "Seeing the Mind in the Matter: Functional Brain Imaging as Framed Visual Argument. " *Argument and Advocacy* 43 (2007): 175 – 88. Web. 12 Mar. 2014.

Grabill, Jeffrey, and Michelle Simmons. "Toward a Critical Rhetoric of Risk Communication: Producing Citizens and the Role of Technical Communicators. " *Technical Communication Quarterly* 7. 4 (1998): 415 – 41. Print.

Grabill, Jeffrey, and Stacey Pigg. "Messy Rhetoric: Identity Performance as Rhetorical Agency in Online Public Forums. " *Rhetoric Society Quarterly* 42. 2 (2012): 99 – 119. Web. 15 Aug. 2012.

Gray, Jim. "Distributed Computing Economics. " *Research. microsoft. com*. Microsoft, Mar. 2003. Web. 14 Mar. 2014.

Great Britain. Department of Culture, Media, and Sport. *Creating a Lasting Legacy from the 2012 Olympic and Paralympic Games*. *Gov. uk*. 20 Feb. 2013. Web. 4 June 2013.

Greater Boston Civil Defense Manual. Boston: Civil Defense Authority, 1952. *Internet Archive*. 11 June 2012. PDF file.

Gross, Alan. "Toward a Theory of Verbal-Visual Interaction: The Example of Lavoisier. "*Rhetoric Society Quarterly* 39. 2 (2009): 147 – 69. Print.

Gross, Alan, Joseph Harmon, and Michael Reidy. *Communicating Science: The Scientific Article from the 17th Century to the Present*. Oxford: Oxford UP, 2002. Print.

Guyot, Arnold Henry. *Directions for Meteorological Observations and the Registry of Periodical Phenomena*. Washington, DC: The Smithsonian Institution, 1858. *Google Book Search*. Web 12 Dec. 2012. PDF file.

Gwertzman, Bernard. "Plume of Radioactive Material Spread from Accident at Pripyat. " *New York Times* 29 Apr. 1986: A1. Map. *ProQuest Historical Newspapers*. Web. 22 May 2012.

Habermas, Jürgen. *The Theory of Communicative Action*. Vol. 2. Boston: Beacon P, 1987. Print.

Hagan, Susan. "Visual/Verbal Collaboration in Print: Complementary Differences, Necessary Ties and an Untapped Rhetorical Opportunity. " *Written Communication* 24. 1 (2007): 49 – 83. Print.

Haklay, Muki. Skype interview. 28 May 2013.

Haklay, Muki, Louise Francis, and Colleen Whitaker. "Mapping Noise Pollution." *GIS-Professional* 23 (2008): 26–28. Print.

Hansen, James, et al. "A Closer Look at United States and Global Surface Temperature Change." *Journal of Geophysical Research* 106 (2001): 1–13. Web. 11 Nov. 2012.

Hartelius, Johanna E. *The Rhetoric of Expertise.* Lanham, MD: Lexington Books, 2011. Print.

Heartland Institute. "Global Warming: Not a Crisis." *Heartland. org.* Heartland Institute, n. d. Web. 30 Sep. 2012.

Herndl, Carl, and Stuart Brown. "Introduction: Rhetorical Criticism and the Environment." *Green Culture.* Madison: U of Wisconsin P, 1996. Print.

Herschel, John. *A Preliminary Discourse on the Study of Natural Philosophy.* 1830. New York: Johnson Reprint, 1966. Print.

Hickey, Joseph. "Letter to the Editor." *The Wilson Bulletin* 67. 2 (1955): 144–45. Web. 12 Dec. 2012.

"History." *Safecast. org.* Safecast, n. d. Web. 9 Dec. 2011.

Howard, Alex. "Citizen Science, Civic Media and Radiation Data Hints at What's to Come." *Radar. oreilly. com.* O'Reilly Radar, 29 June 2011. Web. 3 Jan. 2011.

International Atomic Energy Agency. *IAEA International Fact Finding Mission of the Nuclear Accident Following the Great East Japan Earthquake and Tsunami.* Prime Minister of Japan and His Cabinet, June 1 2011. Web. 8 June 2011.

Ipsos MORI and Urban Practitioners. *North Deptford Consultation. Lewisham. gov. uk.* London Borough of Lewisham, Feb. 2009. Web. 30 May 2013. PDF file.

Irwin, Alan. *Citizen Science: A Study of People, Expertise and Sustainable Development.* New York: Routledge, 1995. Print.

Ishikawa, Yuki. "Calls for Deliberative Democracy in Japan." *Rhetoric and Public Affairs* 5. 2 (2002): 331–45. Print.

Ito, Joi. "A Rock in One Hand Cell Phone in the Other." MIT-Knight Civic Media Conference. Cambridge, Mass. 24 Jun. 2011. Web. 30 Jul. 2012. Presentation.

ITWorks. N. d. Web. 11 Nov. 2012.

Jamail, Dahr. "Citizen Group Tracks Down Japan's Radiation." *Aljazeera. com.* Aljazeera, 10 Aug. 2011. Web. 3 Jan. 2012.

James. "Crowdsourcing Radiation Monitoring." *Mapt. com.* Mapt, 21 Mar. 2011. Web. 30 June 2011.

"James Henry Coffin." *Wikipedia. org.* Wikipedia, 20 Apr. 2012. Web. 12 Dec. 2012.

"Japan's Assessment of Radiation around Plant." Map. *New York Times* 19 Mar. 2011: A12. Microfilm.

Katz, Stephen, and Carolyn Miller. "The Low-Level Radioactive Waste Siting Controversy in North Carolina: Toward a Rhetorical Model of Risk Communication." *Green Culture.* Eds. Carl Herndl and Stuart Brown. Madison: U of Wisconsin P, 1996. 111–40. Print.

Keränen, Lisa. "Concocting Viral Apocalypse: Catastrophic Risk and the Production of Bio(in) security." *Western Journal of Communication* 75. 5 (2011): 451–72. Web. 11 May 2012.

——. *Scientific Characters: Rhetoric, Politics, and Trust in Breast Cancer Research.* Tuscaloosa: U of Alabama P, 2010. Print.

Khatib, Firas, et al. "Crystal Structure of a Monomeric Retroviral Protease Solved by Protein Folding Game Players." *Nature. com.* Nature Structural and Molecular Biology, 18 Sept. 2011. Web. 19 Sept. 2011.

Kinsella, William. "Public Expertise: A Foundation for Citizen Participation in Energy and Environmental Decisions." *Communication and Public Participation in Environmental Decision Making.* Eds. Stephen Depoe, John Delicath, and Marie-France Aepli Elsenbeer. New York: SUNY P, 2004.

Kitzinger, Jenny. *The Media and Public Risk.* Great Britain. Risk and Regulation Advisory Council. Oct. 2009. Web. 7 Sep. 2011.

Knox, Richard. "'Citizen Scientists' Crowdsource Radiation Measurements in Japan." *Npr. org.* National Public Radio, 24 Mar. 2011. Web. 8 Dec. 2011.

Kostelnick, Charles, and Michael Hassett. *Shaping Information: The Rhetoric of Visual*

Conventions. Carbondale: U of Illinois P, 2003. Print.

Kress, Gunther, and Theo Van Leeuwen. *Reading Images: The Grammar of Visual Design*. 2nd ed. London: Routledge, 2006. 16‑44. Print.

Krieger, Daniel. "Monitoring the Monitors." *Slate. com*. Slate Magazine, 16 June 2011. Web. 21 Jan. 2012.

Krugler, David. *This Is Only a Test: How Washington D. C. Prepared for Nuclear War*. New York: Palgrave Macmillan, 2006. Print.

LaFrance, Adrienne. "After Tracking Radiation Levels in Fukushima, Safecast Is Measuring Air Quality in the States." *Niemanlab. org*. Nieman Journalism Lab, 21 Sept. 2012. Web. 22 May 2014.

Lawton, Keith, and Stephanie Briscoe, comp. *Novel Approaches to Waste Crime: A Report of Three Waste Crime Prevention Pilots*. European Pathway to Zero Waste. Reading, UK: Environment Agency, 2012. Web. 17 June 2013. PDF file.

Leach, Melissa, and Ian Scoones. "Science and Citizenship in a Global Context." *Science and Citizens: Globalization and the Challenge of Engagement*. Ed. Melissa Leach, Ian Scoones, and Brian Wynne. London: Zed Books, 2005. Print.

Lee, Gary. "Soviets Say Clean up Underway." *Washington Post* 1 May 1986: A1. Microfilm.

Leitsinger, Miranda. "Japanese Government Responds to Citizen Scientists' Radiation Mapping." *Worldblog. msnbc. com*. NBC News, 14 Jul. 2011. Web. 8 Aug. 2011.

———. "Japan's Citizen Scientists Map Radiation, DIY-style." *Worldblog. msnbc. com*. NBC News, 12 Jul. 2011. Web. 8 Aug. 2011.

Leroy, Michel. "Classification d'un Site." *Note Technique* 35. Trappes: Director des Systemes d'Observation Meteo-France, 1999. Web. 22 July 2013.

Lewis, Flora. "Moscow's Nuclear Cynicism." Editorial. *New York Times* 1 May 1986: A27. *ProQuest Historical Newspapers*. Web. 14 Jun. 2012.

"Loud Noises 'Bad for Heart.'" *BBC. co. uk*. British Broadcasting Corporation, 24 Nov. 2005. Web. 14 June 2013.

Lövbrand, Eva, Roger Pielke Jr. , and Silke Beck. "A Democracy Paradox in Studies of Science and Technology." *Science, Technology, and Human Values* 36. 4 (2011): 474‑96. Web. 4 Oct. 2012.

Luke, Timothy. "Chernobyl: The Packaging of Transnational Ecological Disaster." *Critical Studies in Mass Communication* 4 (1987): 351‑75. Print.

Lund, Soren, Gitte Jepsen, and Leif Simonsen. "Effect of Long-term, Low-level Noise Exposure on Hearing Thresholds, DPOAE and Suppression of DPOAE in Rats." *Noise and Health* 3. 12 (2001): 33‑42. Web. 16 June 2013.

Lynch, Patrick, and Sarah Horton. *Web Style Guide*. 3rd ed. New Haven: Yale UP, 2008. Print.

Lyne, John, and Henry F. Howe. "The Rhetoric of Expertise: E. O. Wilson and Sociobiology." *Quarterly Journal of Speech* 76 (1990): 134‑51. Web. 27 May 2014.

Lyons, Richard. "Children Evacuated." *New York Times* 31 Mar. 1979: A1. *ProQuest Historical Newspapers*. Web. 18 July 2011.

"Making Maps Work for Communities." *UCL Enterprise*. University College London, n. d. Web 6 May 2013.

Map of Radiation Measurements by Greenpeace Team. *Googlemaps. com*. Google, 27 Mar. 2011. Web. 2 July 2013.

"Mapping Change for Sustainable Communities." *London* 21. *org*. London 21, n. d. Web. 5 June 2013.

"Mapping Change for Sustainable Communities." *UrbanBuzz*. UrbanBuzz, n. d. Web. 2 Mar. 2013.

Mathews, Tom, et al. "Nuclear Accident." *Newsweek*. 9 Apr. 1979: 24‑33. Print.

Matsutani, Minoru. "Experts: Leave Radiation Checks to Us Laypersons Just Spread Fear with Inaccurate Readings, They Say." *Japantimes. co. jp*. Japan Times, 28 May 2011. Web. 17 Dec. 2011.

McCallie, Ellen, et al. *Many Experts, Many Audiences: Public Engagement with Science and Informal Science Education*. Washington, DC: Center for Advancement of Informal Science

Education, 2009. Web. 29 Oct. 2012.

McFadden, Robert. "New York and New Jersey Report No Excess Radioactivity Despite Patterns of Winds." *New York Times* 2 Apr. 1979: A16. *ProQuest Historical Newspapers*. Web. 14 Jun. 2012.

"Meltdown at Chernobyl." Editorial. *Washington Post*. 30 Apr. 1986: A24. Microfilm.

Menne, Matthew, Claude Williams, and Michael Palecki. "On the Reliability of the U. S. Surface Temperature Record." *Journal of Geophysical Research* 115 (2010): 1 - 9. Web. 28 Sept. 2012.

Menne, Matthew, Claude Williams, and Russell Vose. "The U. S. Historical Climatology Network Monthly Temperature Data, Version 2." *Bulletin of the American Meteorological Society* 90. 7 (2009): 993 - 1007. Web. 28 Sept. 2012.

Miller, Carolyn R. "The Presumption of Expertise: The Role of Ethos in Risk Analysis." *Configurations* 11. 2 (2003): 163 - 202. Print.

National Academy of the Sciences. *Adequacy of Climate Observing Systems*. Washington, DC: National Academy P, 1999. Web. 11 Nov. 2012.

National Oceanic and Atmospheric Administration. *Climate Reference Network Site Information Handbook*. Asheville: US Department of Commerce, National Climatic Data Center, 2002. Web. 10 Oct. 2012.

——. *United States Climate Reference Network Part of NOAA's Environmental Realtime Observations Network FY 2005*. Asheville: US Department of Commerce, National Climatic Data Center, 2005. Web. 22 July 2013.

"Noise Mapping Toolkit." *Mapping forchange. org. uk*. Mapping for Change, 5 May 2009. Web. 3 May 2013. PDF file.

O'Brien, Miles. "Safecast Draws on Power of the Crowd to Map Japan's Radiation." *Pbs. org*. PBS News Hour, 10 Nov. 2011. Web. 8 Dec. 2011.

Oldenburg, Henry. "Introduction." *Philosophical Transactions* 1 (1665): 1. Web. 31 July 2013.

Olson, Ryan. "Watts' up? Spotlight Shines on Local Weatherman's Latest Research." *Orovillemr. com*. Oroville Mercury-Register, 29 June 2007. Web. 20 Nov. 2012.

"One Million Volunteers." *Zooniverse. org*. Zooniverse, 14 Feb. 2014. Web. 22 May 2014.

Onishi, Norimitsu, and Martin Fackler. "Japan Held Nuclear Data, Leaving Evacuees in Peril." *Heraldtribune. com*. Sarasota Herald-Tribune, 8 Aug. 2011. Web. 9 Dec. 2011.

Ottinger, Gwen. "Buckets of Resistance: Standards and the Effectiveness of Citizen Science." *Science, Technology, and Human Values* 35. 2 (2010): 244 - 70. Web. 27 Sept. 2012.

Ottinger, Gwen, and Benjamin Cohen, eds. *Technoscience and Environmental Justice: Expert Cultures in Grassroots Movement*. Cambridge: MIT P, 2011. Print.

"Path of Airborne Radiation." Map. *New York Times* 2 May 1986: A8.

Pepys Community Forum. *Pepys Community Forum Annual Report. Charitycommission. uk. gov*. Charity Commission, 31 Mar. 2009. Web. 2 Mar. 2013.

Perelman, Chiam. *The Realm of Rhetoric*. Notre Dame: U of Notre Dame P, 1982. Print.

Perelman, Chiam, and Lucie Olbrechts-Tyteca. *The New Rhetoric*. Notre Dame: U of Notre Dame P, 1971. Print.

Perkins, E. H. "Some Results of Bird Lore's Christmas Bird Census." *Bird Lore* 16 (1914): 13 - 18. Print.

Perlmutter, David. *Visions of War*. New York: St. Martin's P, 1999. Print.

"Phenology." *Wikipedia. org*. Wikipedia. 20 Nov. 2006. Web. 5 Jan. 2013.

Pielke, Roger, Jr. *The Honest Broker: Making Sense of Science in Policy and Politics*. Cambridge: Cambridge UP, 2007. Print.

Pielke, Roger, Sr. Interview. 3 Nov. 2012. E-mail.

——. "A New Paper on the Differences between Recent Proxy Temperature and In-situ Near-surface Air Temperatures." *Climate Science: Roger Pielke Sr*. 4 May 2007. Web. 13 Nov. 2012.

——. "Re: A New Paper on the Differences between Recent Proxy Temperature and In-situ Near-surface Air Temperatures." *Climate Science: Roger Pielke Sr*. 4 May 2007. Web. 13 Nov. 2012.

Pielke, Roger, Sr. , et al. "Documentation of Uncertainties and Biases Associated with Surface

Temperature Measurement Sites for Climate Change Assessment. " *Bulletin of the American Meteorological Society* 88. 6 (2007): 913 - 28. Web. 12 Nov. 2012.

Pielke, Roger, Sr. , et al. "Problems in Evaluating Regional and Local Trends in Temperature: An Example from Eastern Colorado, USA. " *International Journal of Climatology* 22 (2002): 42 - 434. Web. 8 Oct. 2012.

Pielke, Roger, Sr. , et al. "Unresolved Issues with the Assessment of Multidecadal Global Land Surface Temperature Trends. " *Journal of Geophysical Research* 112 (2007): 1 - 26. Web. 30 Sept. 2012.

"Pilot Groups. " *London 21. org*. London 21, n. d. Web. 4 June 2013.

Pincus, Walter. "Radiation Monitors Installed to Check Exposure. " *Washington Post* 1 Apr. 1979: A1 + . Microfilm.

Porter, Russell. "City Evacuation Plan: 3 Governors and Mayor Weigh Plans to Meet H-Bomb Attack. " *New York Times* 12 Mar. 1955: 1 + . *ProQuest Historical Newspapers*. Web. 11 June 2012.

Porter, Theodore. *Trust in Numbers*. Princeton: Princeton UP, 1995. Print.

Potts, Gareth. *Regeneration in Deptford London*. UrbanBuzz. UrbanBuzz, Sept. 2008. Web. 3 May 2013. PDF file.

Prelli, Lawrence. "The Rhetorical Construction of Scientific Ethos. " *Landmark Essays on Rhetoric of Science*. Randy Allen Harris, ed. Mahwah: Lawrence Erlbaum, 1997. Print.

President's Commission on the Accident at Three Mile Island. *Report of the President's Commission on the Accident at Three Mile Island*. Washington, DC: GPO, 1979. Print.

Prichep, Deena. "Oregon Advertising Studio Tracks Fukushima Radiation. " *Voanews. com*. Voice of America, 5 Jul. 2011. Web. 2 Jan. 2012.

"Published Papers. " *Zooniverse. org*. Zooniverse, 1 Dec. 2012. Web. 22 May 2014.

Radiological Defense. 1961. Film. US Office of Civil Defense. *Archive. org*. Prelinger Archives, Web. 13 June 2012.

RDTN Radiation Map of Japan. Map. *Rdtn. org*. RDTN, 24 Mar. 2011. Web. 2 July 2013.

Revkin, Andrew. "On Weather Stations and Climate Trends. " *Nytimes. com*. New York Times, 28 Jan. 2010. Web. 30 Sep. 2012.

"Roger A. Pielke" *Wikipedia. org*. Wikipedia, 15 Dec. 2004. Web. 28 Sept. 2012.

Ropeik, David. "Risk Reporting 101. " *Columbia Journalism Review* 11 Mar. 2011. Web. 27 June 2011.

Rosenfeld, Stephen. "A Blow to Nuclear Arrogance. " Editorial. *Washington Post* 2 May 1986: A19. Microfilm.

Rowland, Katherine. "Citizen Science Goes 'Extreme. '" *Nature. com*. Nature, 17 Feb. 2012. Web. 20 Feb. 2012.

"Runaway Reactor. " *Time* 13 Jan. 1961: 18 - 19. Print.

Saenz, Aaron. "Japan's Nuclear Woes Give Rise to Crowd-sourced Radiation Maps in Asia and US. " *Singularityhub. com*. Singularity Hub, 24 Mar. 2011. Web. 15 Dec. 2011.

Safecast Map. Map. *Safecast. com*. Safecast, 10 Aug. 2011. Web. 14 Aug. 2012.

Safire, William. "The Fallout's Fallout. " Editorial. *New York Times* 5 May 1986: A19. Microfilm.

Sauer, Beverly. *Rhetoric of Risk: Technical Documentation in Hazardous Environments*. Mahwah: Lawrence Erlbaum, 2003. Print.

Schmemann, Serge. "Soviet Announces Nuclear Accident at Electric Plant. " *New York Times* 29 Apr. 1986: A1 + . *ProQuest Historical News - papers*. Web. 23 Jul. 2011.

———. "Soviet Secrecy. " *New York Times* 1 May 1986: A1 + . *ProQuest Historical News-papers*. Web. 22 May 2012.

Shimbun, Yomiuri. "Melt-through at Fukushima? Govt. Report to IAEA Suggests Situation Worse than Meltdown. " *Daily Yomiuri Online*. The Daily Yomiuri, 8 June 2011. Web. 8 June 2011.

Sieber, Renee. "Public Participation Geographic Information Systems: A Literature Review and Framework. " *Annals of the Association of American Geographers* 96. 3 (2006): 491 - 507. Web. 20 May 2013.

Silvertown, Jonathan. "A New Dawn for Citizen Science. " *Trends in Ecology and Evolution* 24. 9 (2009): 467 - 71. Web. 26 Sept. 2012.

Simmons, Michelle. *Participation and Power: Civic Discourse in Environmental Policy Decisions*. New York: SUNY P, 2007. Print.

SIMPLIFi Solutions "Recycling Firm Fined over £190,000 for Causing Years of Nuisance." *Prosecutions Newsletter*, January 2012. Web. 30 May 2013.

Soundings. *The Wharves, Deptford Statement of Community Involvement*. Thewharvesdeptford. com. Soundings, 2010. Web. 16 Mar. 2012. PDF file.

Steigerwald, Bill. "Helping Along Global Warming." *Triblive. com*. Pittsburg Tribune-Review, 17 June 2007. Web. 28 Sep. 2012.

Stewart, Paul. "The Value of Christmas Bird Counts." *The Wilson Bulletin* 66. 3 (1954): 184 - 95. Web. 12 Dec. 2012.

Stinson, John. "Historical Note." *National Audubon Society Records*, 1883 - 1991. New York: New York Public Library, 1994. Web. 10 Dec. 2012. PDF file.

Suter, David. "Radiation Plume from Three Mile Island." Map. *Harper's* Oct. 1979: 16. Print.

Taylor, James. "Meteorologist Documents Warming Bias in U. S. Temperature Stations." *Heartland. org*. Heartland Institute, 1 Nov. 2007. Web. 30 Sep. 2012.

"Thames Gateway." *Wikipedia. org*. Wikipedia, 3 Apr. 2013. Web. 4 June 2013.

Travierso, Michele. "Tech in Troubled Times: Website Crowdsources Japan Radiation Levels." *Newsfeed. time. com*. Time, 21 Mar. 2011. Web. 5 Jan. 2011.

Tuchinsky, Evan. "Watts, Me Worry?" *Newsreview. com*. Reno News &. Review, 6 Dec. 2007. Web. 30 Sep. 2012.

"2008 Presidential Election." *Politico. com*. Politico, n. d. Web. 28 Nov. 2012.

"2012 Presidential Election." *Politico. com*. Politico, 29 Nov. 2012. Web. 28 Nov. 2012.

United States. Department of Defense. *Fallout Protection: What to Know and Do About a Nuclear Attack*. Washington, DC: GPO, 1961. Print.

——. Patent Office and Smithsonian Institution. *Results of Meteorological Observations under the Direction of the United States Patent Office and the Smithsonian Institution from the Year 1854 to 1859, Inclusive*. Washington, DC: GPO, 1864. *Google Book Search*. 11 Dec. 2012. PDF file.

Von Hippel, Frank, and Thomas Cochran. "Estimating Long Term Health Effects." *Bulletin of the Atomic Scientist* 43. 1 (1986): 18 - 24. Print.

Vose, Russell, et al. "Comments on 'Microclimate Exposures of Surface-based Weather Stations.'" *Bulletin of the American Meteorological Society* 86. 4 (2005): 497 - 504. Web. 9 Oct. 2012.

Waddell, Craig. "Saving the Great Lakes: Public Participation in Environmental Policy." *Green Culture*. Eds. Carl Herndl and Stuart Brown. Madison: U of Wisconsin P, 1996. 141 - 65. Print.

Walker, Kenneth, and Lynda Walsh. "'No One May Yet Know What the Ultimate Consequences May Be': How Rachel Carson Transformed Scientific Uncertainty into a Site For Public Participation in *Silent Spring*." *Journal of Business and Technical Communication* 26. 3 (2011): 3 - 34. Web. 13 July 2013.

Walton, Douglas. *Appeal to Popular Opinion*. University Park: The Pennsylvania State UP, 1999. Print.

Warnick, Barbara, and David Heinemann. *Rhetoric Online: The Politics of New Media*. 2nd ed. New York: Peter Lang, 2012. Print.

Watanabe, Takeshi. "Tokyo Hacker Space Gets the Data." *Majiroxnews. com*. Majirox News, 20 May 2011. Web. 5 Jan. 2012.

Watts, Anthony. "Another Milestone—200 Volunteers." *Wattsupwiththat. org*. Anthony Watts, 3 Aug. 2007. Web. 13 Nov. 2012.

——. "Day 2 at NCDC and Press Release: NOAA to Modernize USHCN." *Wattsupwiththat. com*. Anthony Watts, 24 Apr. 2008. Web. 23 Oct. 2012.

——. *A Handson Study of Station Siting Issues for United Stated Historical Climatology Network Stations. SurfaceStations. org*. Surface Stations, 29 Aug. 2007. Web. 11 Nov. 2012. Power Point.

——. "How to do a USHCN, GSHCN, or GISS Weather Station Site Survey." *Surfacestations. org*. Anthony Watts, 16 June 2007. Web. 10 Oct. 2012.

———. *Is the U. S. Surface Temperature Record Reliable?* Chicago: Heartland Institute, 2009. Web. 26 Sept. 2012.

———. "NOAA and NCDC Restore Data Access." *Wattsupwiththat. com.* Anthony Watts, 7 July 2007. Web. 28 Sep. 2012.

———. "NOAA/NCDC Throw a Roadblock in My Way." *Wattsupwiththat. com.* Anthony Watts, 30 June 2007. Web. 28 Sep. 2012.

———. "Re: A New Paper on the Differences between Recent Proxy Temperature and In-situ Near-surface Air Temperatures." *Climate Science: Roger Pielke Sr.* Roger Pielke Sr. , 4 May 2007. Web. 12 Nov. 2012.

———. "Road Trip Update: Day 1 at NCDC." *Wattsupwiththat. com.* Anthony Watts, 23 Apr. 2008. Web. 23 Oct. 2012.

———. "Site Survey: Weather Station of Climate Record at CSUC." *Wattsupwiththat. com.* Anthony Watts, 9 May 2007. Web. 11 Nov. 2012.

———. "Standards for Weather Stations Siting Using the New CRN." *Wattsupwiththat. com.* Anthony Watts, 3 July 2007. Web. 10 Nov. 2012.

———. *Surfacestations. org.* Anthony Watts, 4 June 2007. Web. 29 Sep. 2012.

———. "Surfacestations. org Is Ready and Your Assistance Is Needed!" *Climate Science: Roger Pielke Sr.* Roger Pielke Sr. , 5 June 2007. Web. 28 Sep. 2012.

———. "2006 Hottest Year on Record—So What? Part 1." *Wattsupwiththat. com.* Anthony Watts, 10 Jan. 2007. Web. 11 Nov. 2012.

"What Is Tokyo Hackerspace?" *Tokyohackerspace. org.* Tokyo Hackerspace, n. d. Web. 4 Jan. 2012.

Whitaker, Coleen. *This Is Where We Live! The Community Mapping Action Pack. London21. org.* London *21* , 2008. Web. 5 May 2013. PDF file.

White, Charles. "New Website Crowdsources Japan Radiation Data." *Mashable. com.* Mashable Social Media, 20 Mar. 2011. Web. 17 Dec. 2011.

Will, George. "Mendacity as Usual." Editorial. *Washington Post.* 4 May 1986: C8. Microfilm.

World Health Organization. *Guidelines for Community Noise.* Ed. Brigitta Berglund, Thomas Lindvall, and Dietrich Schwela. Geneva: World Health Organization, 1999. Web. 26 May 2013.

———. "Occupational and Community Noise." *Euro. who. int.* World Health Organization, Feb. 2001. Web. 14 June 2013.

World Meteorological Organization. *Guide to Meteorological Instruments and Methods of Observation.* 6th ed. Geneva: WMO, 1996. Print

World Nuclear Association. "Fukushima Accident 2011." *Worldnuclear. org.* N. d. Web. 8 June 2011.

Yanch, Jacqueline. "Background Information about Radiation and What It Does." *Safecast. org.* Safecast, 7 Apr. 2011. Web. 6 July 2012.

Zhang, Hiayan. Invited Comment. "When Crowdsourcing Data Meets Nuclear Power." By Alexis Madrigal. *Theatlantic. com.* The Atlantic, 24 Mar. 2011. Web. 17 Dec. 2011.

Zuckerman, Ethan. "Mohammed Nanabhay and Joi Ito at Center for Civic Media." *Ethanzuckerman. com.* 27 Jun. 2011. Blog. 7 Jan. 2012.

译后记

公民科学是指公众参与科学研究,与科学家合作收集资料、生产新知识并传播科学的过程。公民科学随科学建制化逐渐发展起来,近 20 年在美国、英国、欧盟、澳大利亚等国家和地区快速发展,涉及从天文学到环境监测,从鸟类学到海洋学等诸多领域。公民科学是开放科学的重要组成部分,表明科学在更为专业化的同时,也彰显出大众化和开放性的特征。

互联网的应用和普及,带动了公民科学在志愿者动员能力、数据处理和社会影响方面优势的进一步凸显,公民科学在对科学教育、科学传播、科学与民主关系等产生积极影响的同时,也引发了关于"科学是什么"的反思。本书作者詹姆斯·韦恩正是聚焦于这一主题,对互联网时代公民科学进行深入分析,指出互联网和联网设备为公民科学的立体化发展带来了更多的机会和渠道。

从传播学的角度来看,公民科学为审视非专业人员、科学、科学家和政策制定者的关系提供了全新的视角,为改善公众与科学家关系、公众参与政策协商等提供了思路。在对这些问题的思考中,作者以修辞学的独特视角分析公民科学在情感、道德和理性等方面的诉求,选取不同时期的典型案例进行深入探讨,聚焦辐射风险、气候变化和社区重建等社会关系的问题,分析数据收集、风险表征和传播方式、社区议题协商中互联网为理解科学与社会关系提供的思路。

近年来,我国也有越来越多的公民科学项目和探索,例如本书中讲到的圣诞节观鸟、Galaxy zoo 等项目都有大量的国内志愿者参加,另外一些科研单位、博物馆和环保组织也组织了本土公民科学项目，吸引越来越多的公众参与。以此为基础，在学术领域有更多的学者发表相关研究论文，在实践领域涌现出大量公众尤其是青少年参与的公民科学活动。

在此背景下，翻译出版一部关于公民科学的著作，有助于为国内相关研究和工作领域的人员提供借鉴和参考。本书的翻译和出版离不开很多同事和朋友的帮助和支持。感谢郑念研究员将本书纳入"科学思维书架"系列，从而能够从科学思维的角度呈现公民科学独特的发展方式。李筱媛、曹耐、张羽帮助完成二、三、四章的部分初稿，为后期定稿和校对提供了支持，上海交通大学出版社的陆烨老师，对译稿做了细致的审读并校正了一些错误，在此一并感谢。由于译者学识水平有限，译文中难免有错误之处，敬请各位专家、读者批评指正。

王丽慧

2021 年 12 月